AF417714

*Los temas más controvertidos de la
investigación científica contemporánea para quienes
deseen emprender un fascinante
Viaje al Centro de la Ciencia.*

colección
VIAJE AL CENTRO DE LA CIENCIA

ADN
Editores, S.A. de C.V.

Colección dirigida por
Juan Tonda

Diseño: Arroyo + Cerda
Ilustración de portada y portadilla: Alma Rosa Pacheco
Ilustraciones interiores: Juan Antonio Tonda Magallón

Primera edición, 1997
Novena impresión, 2011
Décima reimpresión, 2021

© ADN Editores, S.A. de C.V.
Estrella del Sur 150, Col. Rancho Tetela
62160 Cuernavaca, Morelos, MÉXICO
juantonda54@gmail.com
Tel. (52) 55 54 00 63 26

La primera edición se coeditó con la
Dirección General de Publicaciones del
Consejo Nacional para la Cultura y las Artes

ISBN 978-968-6849-15-8

Francisco Noreña Villarías

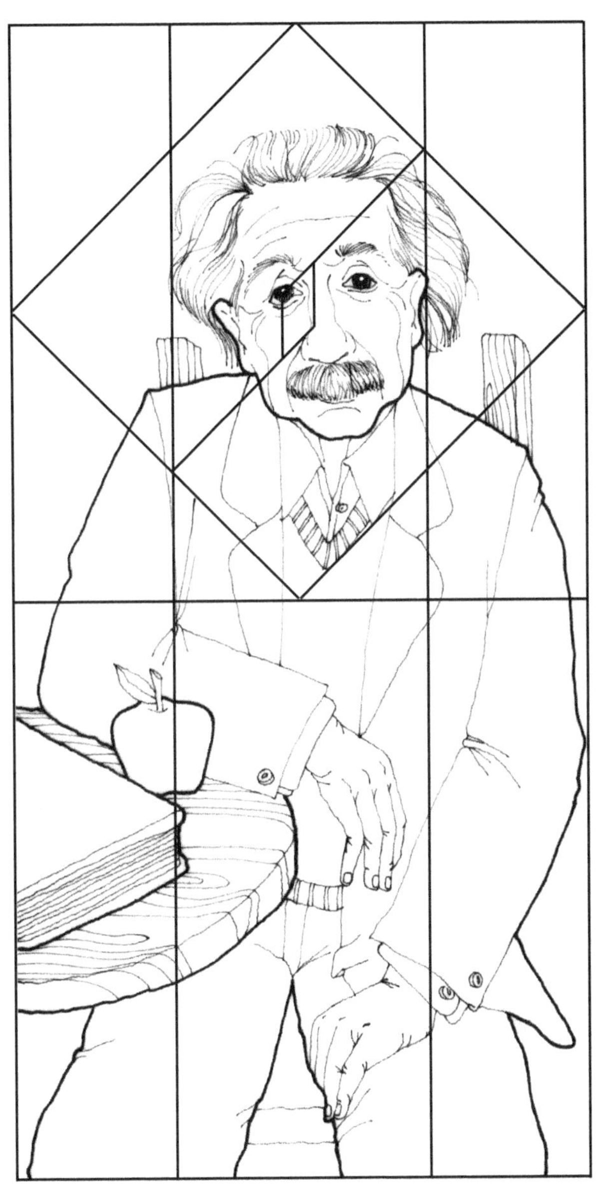

La manzana de Einstein

A Estrella, Diego y Daniel

Índice

1. La manzana clásica   9

2. Jugo de manzana   27

3. La manzana especial   43

4. La manzana general   77

5. Otras manzanas   119

Glosario   125

Bibliografía   135

1

La manzana clásica

Un día del año 1666 Newton había ido al campo y al observar la caída de una manzana cayó en profundas meditaciones sobre la causa que obliga a todos los objetos a describir una línea recta cuya extensión pasaría por el centro de la Tierra. VOLTAIRE

 Todos los objetos que forman el Universo en que vivimos, desde las partículas elementales de las que está hecha la materia hasta los planetas, cometas, estrellas, galaxias y cuasares, pasando por los árboles, las casas, la gente, los coches, los aviones, una pelota, las gotas de lluvia, la luz, etc., están en continua interacción, es decir que están sujetos a diversas fuerzas o interacciones que unos ejercen sobre otros, que rigen su comportamiento.

Por ejemplo, los protones y neutrones forman los núcleos de

los átomos debido a una fuerza llamada nuclear, muy intensa, que los mantiene unidos; a su vez, cada protón y cada neutrón está formado por tres partículas llamadas quarks que se mantienen fuertemente unidas debido también a la fuerza nuclear: los electrones se mantienen alrededor de los núcleos, formando así los átomos, debido a la fuerza o interacción eléctrica de atracción entre cargas de signo opuesto; los átomos se unen para formar moléculas mediante fuerzas de enlace que también son de naturaleza electromagnética; los tres estados de agregación de la materia —sólido, líquido y gaseoso— se deben también en última instancia a la relación entre fuerzas de cohesión y de repulsión (que también son de naturaleza electromagnética) entre las moléculas o átomos que forman una sustancia; los objetos sobre la superficie terrestre tendemos a quedarnos unidos a ella por la interacción o fuerza de gravedad que nos atrae hacia el centro de la Tierra; debido a esta misma fuerza de gravedad, al lanzar un objeto, éste describe una trayectoria parabólica hasta llegar al piso; la Luna gira alrededor de la Tierra, y ésta junto con los demás planetas gira en torno al Sol por la fuerza de atracción gravitatoria; las estrellas junto con otros materiales tales como gas y polvo interestelar tienden a formar galaxias debido a su mutua interacción gravitacional; por su interacción gravitatoria las galaxias también tienden a formar grupos, llamados cúmulos galácticos; el Universo en su conjunto está gobernado en cierta medida por la interacción gravitacional entre las partes que lo conforman, al grado que quizás esta fuerza de gravedad sea ca-paz de detener por completo su expansión.

Éstos, y muchos otros ejemplos, nos hacen ver cómo el concepto de fuerza, o interacción, es de gran importancia en física por lo que una buena parte de los esfuerzos que se han hecho y se siguen haciendo por entender a la naturaleza, están dirigidos hacia el estudio, la comprensión y la manipulación de los diferentes tipos de fuerzas que se han descubierto.

Por lo pronto nos dedicaremos a continuación a desarrollar el objetivo principal de este libro que es describir una de estas fuerzas fundamentales, la de gravedad y a hablar sobre sus características, sus aplicaciones, sus "misterios".

La fuerza de gravedad

De todas las fuerzas fundamentales de la naturaleza, la de grave-dad es la primera con la que entramos en contacto conscientemente: es la que logramos equilibrar cuando aprendemos a caminar, es la que hace que caigamos cuando tropezamos y la que "obliga" a los cuerpos a caer hacia "abajo". Es una fuerza que está siempre presente en nuestras vidas; no podemos quitárnosla de encima.

La fuerza de gravedad es la que de alguna manera nos permite definir los conceptos de arriba y abajo, que desde pequeños nos son tan claros, aunque dejan de serlo un poco cuando nos enteramos de que la Tierra es redonda, por lo que la gente que vive del lado opuesto al nuestro, por ejemplo en la India, está de cabeza; o ¿seremos nosotros los que estamos de cabeza?, ¿o a caso es mejor decir que tanto los mexicanos como los indios estamos "de lado" al ver cómo pinta la Tierra la maestra en la clase de geografía, de manera que los únicos "bien parados" serían los habitantes del Polo Norte? El caso es que como la Tierra atrae hacia su centro a todos los cuerpos que la rodean, podemos estar parados sobre cualquier punto de su superficie, y los conceptos de arriba y abajo se vuelven relativos, es decir que dependen del lugar en donde nos encontramos. De esta manera incluso un habitante del Polo Sur puede asegurar que está bien parado y no tiene por qué sentir ningún tipo de mareo ni sensación de que está de cabeza (véase la figura 1).

Pensando un poco en todo esto, estará de acuerdo el lector en que es comprensible que algunos pensadores creyeran durante mucho tiempo que la Tierra era plana.

La fuerza de gravedad mantiene a todos los cuerpos "atados" a la superficie de la Tierra; vivimos en una especie de "jaula" gravitacional. Si lanzamos un cuerpo hacia arriba, éste regresa al suelo; los proyectiles, por más fuerte que los lanzamos, terminan

Figura 1. Todos los cuerpos son atraídos hacia el centro de la Tierra por la fuerza de gravedad.

en el piso; el agua que el Sol logra evaporar de los mares y lagos termina por caer en forma de lluvia o en el peor de los casos se queda flotando en forma de nubes durante un buen rato; los globos aerostáticos suben porque están llenos de un gas menos denso que el aire, pero llega un momento en que su ascenso se detiene y terminan cayendo tarde o temprano. El hombre ha intentado desde hace mucho tiempo vencer la fuerza de gravedad de diversas maneras, y ha soñado siempre con escaparse de esta jaula gravitacional. La primera manifestación de esto está representada quizá por el deseo de volar, sueño que después de diversos intentos se ha logrado. El siguiente paso fue volar cada vez más alto, y pensar en la posibilidad de salirse de la atmósfera terrestre; esto se consiguió apenas en la década de los cincuenta, cuando se pusieron en órbita los primeros satélites artificiales y posteriormente algunos astronautas dieron vueltas a la Tierra para luego regresar. Pero poner un satélite en órbita, con o sin tripulación, aunque es un gran logro no es escaparse por completo de la jaula gravitacional, ya que el artefacto sigue capturado por la fuerza de gravedad de la Tierra. Por eso el siguiente paso fue mandar naves espaciales, primero solas y luego tripuladas a la Luna; eso sí es escapar del campo de gravedad terrestre. Actualmente el hombre es capaz de enviar naves espaciales y sondas a cualquier parte del Sistema Solar e incluso ha logrado que vayan más allá, como es el caso de las dos sondas Viajero 1 y Viajero 2 que después de su acercamiento a Júpiter, Saturno, Urano y Neptuno se alejan ahora de nosotros a una velocidad de 60,000 km/h. Actualmente los científicos están pensando ya en diseñar proyectos encaminados al envío de naves tripuladas a Marte.

Para lograr todo esto, el hombre tuvo antes que realizar experimentos e investigaciones, entre los que destacan los relacionados con la comprensión y dominio de la fuerza de gravedad.

A continuación se describe parte del proceso que llevó a los científicos a comenzar a entender la fuerza de gravedad.

El experimento de Galileo

Se considera a Galileo Galilei como el iniciador de la época moderna en la ciencia. Fue el primer científico en darle verdadera importancia a la experimentación en física, es decir al hecho de respaldar las leyes físicas con experimentos. Es a partir de esta época cuando la ciencia comienza a desarrollarse rápidamente y con solidez, conjuntando y fundamentando todo el conocimiento obtenido en los siglos anteriores. El caso de la gravitación no es la excepción: aunque algo se sabía a este respecto antes de esta época, es a partir de los experimentos de Galileo y de los estudios de Copérnico y Kepler, cuando empiezan a gestarse las bases para el establecimiento, pocos años después, de la ley de gravitación universal de Newton, con la que se sintetiza todo el conocimiento previo y se obtienen posteriormente aplicaciones sorprendentes.

Relacionados con la fuerza de gravedad, Galileo realizó varios experimentos con cuerpos que caen, midiendo la distancia recorrida y el tiempo que tardaban en recorrerla. Para esto Galileo utilizó el plano inclinado y hacía que los cuerpos se deslizaran libremente sobre el plano. Variando el ángulo de inclinación del plano, pudo obtener conclusiones acerca de la caída libre de los cuerpos. Cuando el cuerpo caía libremente, era difícil medir directamente el tiempo con los aparatos que contaba, por lo que recurría al plano inclinado, sobre el que los cuerpos descienden más lentamente.

La conclusión más importante de Galileo relacionada con la caída libre de los cuerpos, es que en ausencia de aire, todos los cuerpos, sin importar su masa, caen con la misma aceleración. Esto quiere decir que si se dejan caer dos cuerpos diferentes desde la misma altura llegarán al piso al mismo tiempo.

A casi toda la gente le sorprende este resultado aún en nuestros días. La "intuición" nos dice que los cuerpos más pesados caen más rápido. Esto se debe a que, para empezar, estamos en presencia de aire, el cual crea una fuerza de fricción sobre los cuerpos en caída libre que afecta notablemente su movimiento según la forma del cuerpo: por ejemplo, si dejamos caer dos hojas de papel idénticas, una arrugada y otra no, es claro que la arrugada llega al suelo mucho antes, ya que la otra desciende haciendo múltiples vaivenes a causa de la resistencia del aire. Sin embargo, si repetimos este experimento en ausencia de aire, es decir en el vacío, ambas hojas caen al mismo tiempo.

Aun en presencia de aire, puede comprobarse el resultado de Galileo con ciertos objetos de diferente peso. Por ejemplo se pue-de hacer el experimento con un dulce y una pelota de béisbol; es claro que su peso es muy diferente, y se verá sin embargo que al dejarlas caer desde cierta altura (por ejemplo desde la azotea de una casa y con alguien colado abajo que observe la caída), ambos objetos llegarán al mismo tiempo. En este caso la resistencia del aire no afecta perceptiblemente a los objetos, de manera que el resultado de Galileo se confirma.

De cualquier manera debe tenerse en cuenta que este resultado es válido estrictamente cuando los cuerpos que caen están en el vacío, que fue lo que concluyó Galileo después de hacer muchos experimentos y de usar el razonamiento.

Como ya se mencionó, Galileo tuvo que hacer muchos experimentos para llegar a la conclusión de que en el vacío todos los cuerpos caen con la misma aceleración sin importar su masa. Sin embargo, esta sección se llama "El experimento de Galileo", ¿por qué? La razón es que se cuenta que Galileo, para demostrar públicamente su resultado, se subió a la Torre de Pisa y desde lo alto dejó caer dos bolas de diferente masa, para que se viera cómo ambas llegaban al piso al mismo tiempo. A este experimento es al que se le llama el experimento de Galileo. Sin embargo, no se tiene la certeza de que Galileo realmente haya hecho esta demostración pública; hay quienes aseguran que sí la realizó y quienes afirman que únicamente fue un experimento pensado, e incluso en la actualidad hay polémica al respecto. Pero lo realmente importante es que Galileo sí hizo los otros experimentos y llegó al resultado mencionado, que como veremos más adelante es de gran importancia.

Las leyes de Kepler

Otros avances que resultaron de gran trascendencia entre otras cosas para la formulación de la ley de gravitación universal, se dieron en el ámbito de la astronomía. En primer lugar la llamada revolución copernicana, que consiste en el establecimiento definitivo del modelo heliocéntrico del Sistema Solar, es decir la demostración hecha por Copérnico de que el Sol está en el centro y los planetas giran alrededor de él. Aunque varios siglos antes que Copérnico existieron filósofos que defendían esta hipótesis, el modelo predominante fue durante mucho tiempo el geocéntrico (es decir que la Tierra es el centro del Sistema Solar y todo lo demás gira alrededor de ella, incluyendo la esfera celeste); fue Copérnico el que dio la argumentación definitiva en pro del modelo heliocéntrico.

El otro avance importante lo hizo Kepler, estableciendo sus tres leyes del movimiento planetario. En cierta medida, lo que hizo Kepler fue perfeccionar y desarrollar más el modelo heliocéntrico de Copérnico: estas leyes, además de dar por sentado que el centro es el Sol, describen con más detalle las órbitas de los planetas y permiten hacer estimaciones cuantitativas de algunos de sus parámetros importantes.

Para establecer sus leyes Kepler se basó en el impresionante acervo de datos que dejó el astrónomo danés Tycho Brahe, quien dedicó su vida a hacer minuciosas observaciones astronómicas de los movimientos de los planetas, principalmente de Marte. Con ayuda de estos datos Kepler pudo establecer sus tres leyes del movimiento planetario, que son:

Primera ley de Kepler: Los planetas describen órbitas elípticas alrededor del Sol. Además, el Sol se encuentra en uno de los focos de cada una de estas elipses (véase la figura 2).

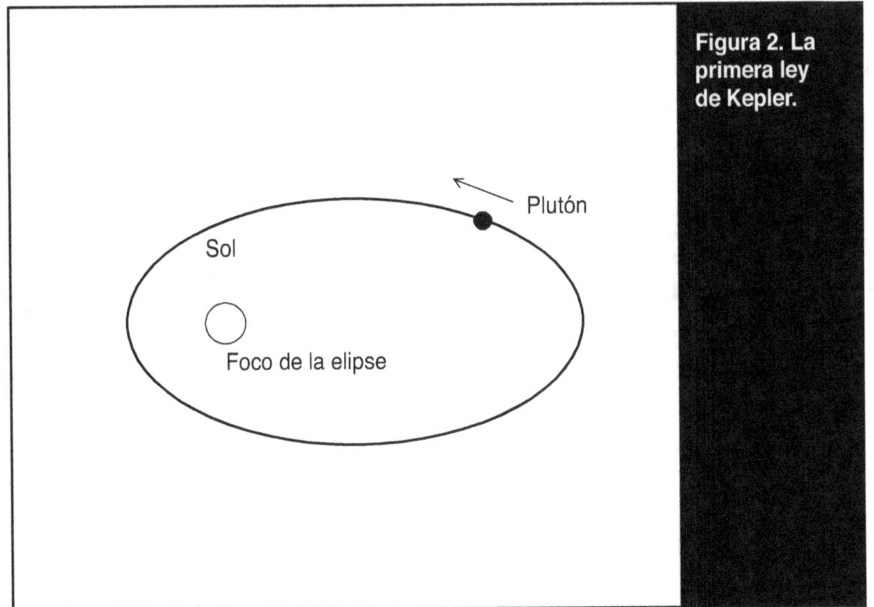

Figura 2. La primera ley de Kepler.

Segunda ley de Kepler: La línea recta que une un planeta con el Sol (llamada radiovector), barre áreas iguales en tiempos iguales (véase la figura 3).

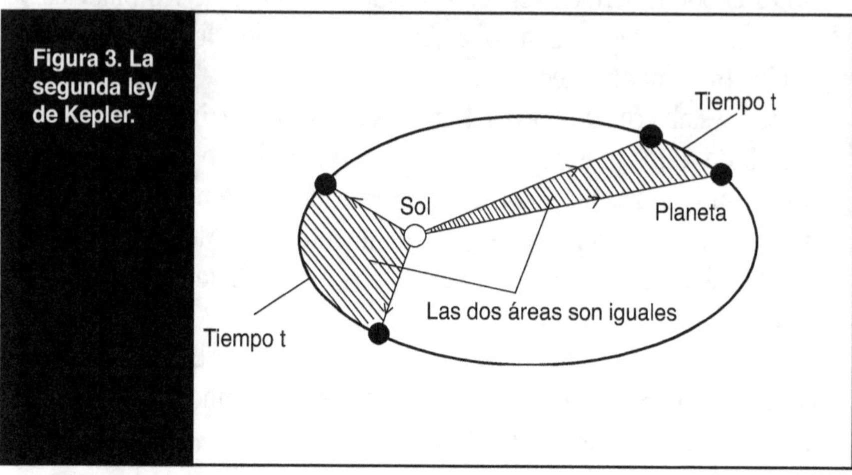

Figura 3. La segunda ley de Kepler.

Tercera ley de Kepler: El cubo de las distancias promedio entre los planetas y el Sol es proporcional al cuadrado de sus periodos de revolución (véase la figura 4).

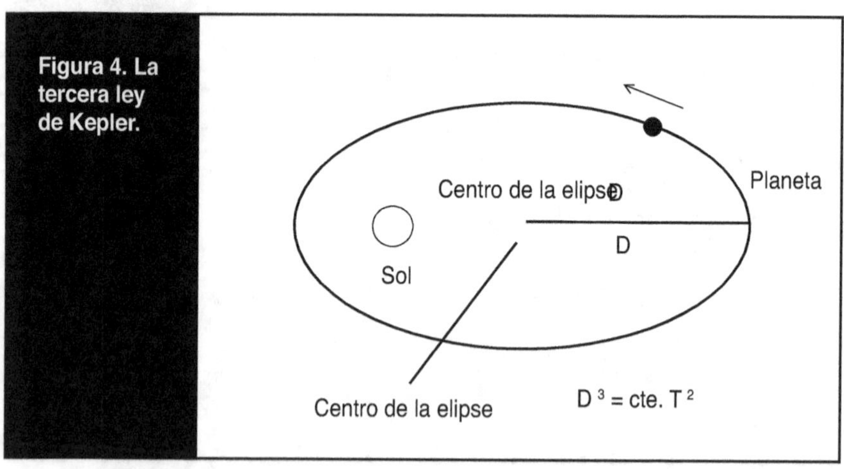

Figura 4. La tercera ley de Kepler.

La primera ley de Kepler afirma que, aunque en efecto el Sol es el centro del Sistema Solar, las órbitas no son circulares como se establece en el modelo de Copérnico, sino elípticas. Aunque la circunferencia es un caso particular de elipse, es raro encontrar un objeto astronómico cuyo movimiento sea circular, las órbitas son siempre elipses con mayor o menor grado de elongación, es decir excentricidad.

Lo que afirma la segunda ley de Kepler significa que los pla-netas se mueven más rápido cuando están cerca del Sol que cuando están lejos.

La tercera ley significa que las distancias promedio de los pla-netas al Sol (la distancia promedio es igual a la longitud del semieje mayor de la elipse), y los tiempos que tardan en dar toda una vuelta (es decir los periodos), están relacionados; esto quiere decir que dada una distancia, el periodo del planeta está determinado, también a la inversa: dado un periodo, su distancia promedio al Sol está determinada.

La Luna y la manzana

Se dice que a Newton se le ocurrió la idea clave para establecer la ley de gravitación universal cuando meditaba en un huerto acostado bajo un árbol y de repente le cayó encima una manzana. Esto lo hizo reflexionar sobre las causas que hacen que la manza-na, al igual que todos los objetos, caigan al suelo, y lo relacionó con el hecho de que la Luna da vueltas alrededor de la Tierra y para hacerlo hace falta una fuerza que la obligue a hacerlo porque de otra manera nuestro satélite natural seguiría en línea recta es-capándose de la Tierra para siempre.

Aunque muchos afirman que esta anécdota es cierta, en reali-dad es difícil saberlo. De cualquier manera lo importante es que Newton, con la manzana o sin ella, pensó en todos estos fenóme-nos y llegó finalmente a comprenderlos y a ponerlos en claro mediante la ley de gravitación universal.

Lo más importante de esto fue haber concebido que la fuerza que obliga a la manzana (o a cualquier otro objeto) a caer al suelo, es de la misma naturaleza que la fuerza que obliga a la Luna a permanecer en órbita alrededor de la Tierra. Es decir, que la manzana y la Luna se rigen por la misma ley de movimiento, pese a la enorme diferencia en tamaños y distancias. Esta idea unificadora fue un paso gigantesco para la ciencia, puesto que, como ya se mencionó, antes se pensaba que las leyes terrestres no tenían nada que ver con las que gobiernan a los astros, a las que muchos consideraban divinas.

Una manera mediante la que Newton explicó la relación que hay entre el movimiento de la Luna y el de cualquier cuerpo en la superficie de la Tierra (una manzana, por ejemplo) es la siguiente: si soltamos un cuerpo desde cierta altura, caerá verticalmente hacia el suelo aceleradamente; sin embargo, si lo soltamos dándole una velocidad lateral, caerá al suelo describiendo una parábola (véase la figura 5).

Mientras mayor sea la velocidad lateral que le demos al objeto, más lejos caerá. Imaginemos que desde lo alto de una montaña lanzamos objetos lateralmente cada vez con mayor velocidad. En cada ocasión el objeto llegará más lejos; si aumentamos la veloci-dad de lanzamiento, llegará aún más lejos; incluso el objeto podría llegar tan lejos que cayera al otro lado de la Tierra; si seguimos aumentando la velocidad, habrá un momento en que el objeto pase por el punto desde el que fue lanzado, y pasaría con la misma velocidad inicial continuando así su movimiento para siem-

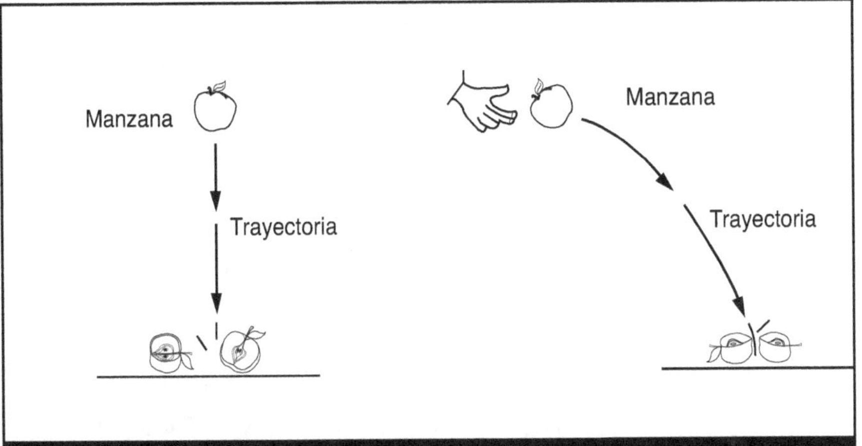

Figura 5. Al soltar un objeto o lanzarlo lateralmente, cae a la superficie por efecto de la fuerza de gravedad.

pre. En este caso habríamos puesto al objeto en órbita (véase la figura 6).

La Luna sigue un movimiento como el del objeto que acabamos de "poner en órbita". Puede decirse que la Luna está continuamente "cayendo" a la Tierra, pero no se encuentra con

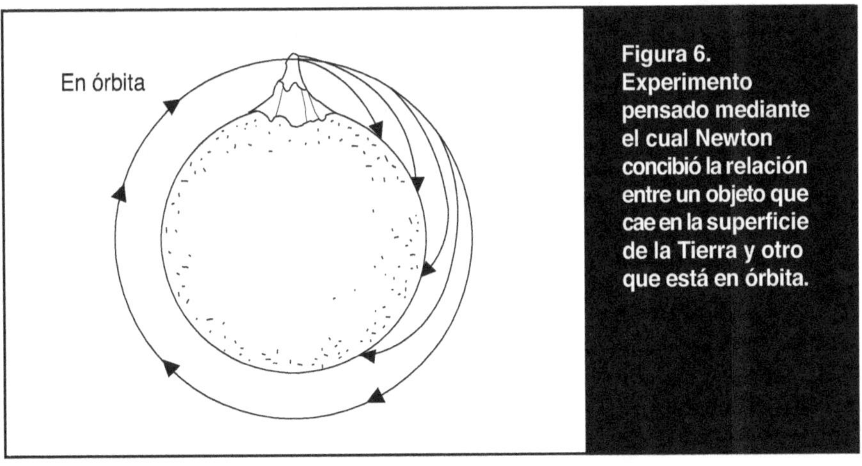

Figura 6. Experimento pensado mediante el cual Newton concibió la relación entre un objeto que cae en la superficie de la Tierra y otro que está en órbita.

ella porque tiene la suficiente velocidad lateral. Lo mismo ocurre con los satélites naturales que el hombre ha puesto en órbita: en este caso no se lanzan desde una montaña, sino que se envían median-te cohetes hasta cierta altura y ahí se les imprime la velocidad lateral suficiente para que regresen al mismo punto después de haber dado una vuelta y así queden puestos en órbita. No está de más aclarar que ni la Luna ni los satélites artificiales llevan mo-tores; su movimiento se debe exclusivamente a la fuerza de gravedad que la Tierra ejerce sobre ellos y a la velocidad inicial que se les imprimió.

Así, Newton relacionó el movimiento de la Luna con el de un cuerpo común que cae, y concluyó que la causa de ambos movimientos es la misma: la fuerza de gravedad.

La ley de la gravitación universal de Newton

Con todo lo anterior, aunado a sus conocimientos de matemáticas, Newton ya estaba en posición de encontrar la forma matemá-tica de su ley de la gravitación universal. Considerando además que la fuerza que el Sol ejerce sobre los planetas para que éstos se muevan según las leyes de Kepler debe de ser del mismo tipo que la fuerza que la Tierra ejerce sobre la Luna, pudo establecer que: dos cuerpos con masas M y m separados una distancia r sienten una fuerza de atracción mutua directamente proporcional al producto de sus masas e inversamente proporcional al cuadrado de la distancia que los separa, es decir:

$$F = G\,\frac{M\,m}{r^2}$$

en donde G es una constante de proporcionalidad llamada constante de gravitación universal, que tiene un valor, en unidades del Sistema Internacional de:

$$G = 6.67 \times 10^{-11} \ Nm^2/kg^2$$

Esta ley afirma que cualesquiera dos cuerpos, sin importar su naturaleza, mientras tengan masa, sentirán una fuerza de atracción dada por la fórmula anterior. Mientras más grandes sean sus masas y más cerca se encuentren, mayor será la fuerza con la que se atraigan.

El lector se preguntará por qué dos objetos, por ejemplo el libro y el vaso que están sobre la mesa, no se juntan dada su atracción mutua. La respuesta es que aunque la atracción existe, es tan pequeña que no se nota, es imperceptible, y otras fuerzas presen-tes, como la fricción, la superan e impiden que dos cuerpos se junten. De hecho, dado que la constante G es tan pequeña, para que la fuerza de gravitación sea considerablemente grande es necesario que al menos una de las dos masas sea muy grande, por ejemplo la del Sol o la de la Tierra. Sin embargo, aun siendo tan pequeñas las fuerzas de atracción gravitacionales entre objetos comunes, se han podido detectar mediante aparatos sensibles. Uno de ellos, el primero que se utilizó para comprobar la ley de gra-vitación universal en el laboratorio, es la balanza de Cavendish (véase la figura 7).

Debe tomarse en cuenta que la distancia r entre los dos cuerpos en la ley de gravitación es la distancia entre sus centros de masa. Por ejemplo, al aplicar la ley a la Tierra y a un objeto que se encuentra en su superficie, la distancia r que los separa no es cero, sino el radio de la Tierra. La ley de gravitación universal se aplica a cualquier par de cuerpos con masa, ya sean el libro y el vaso que

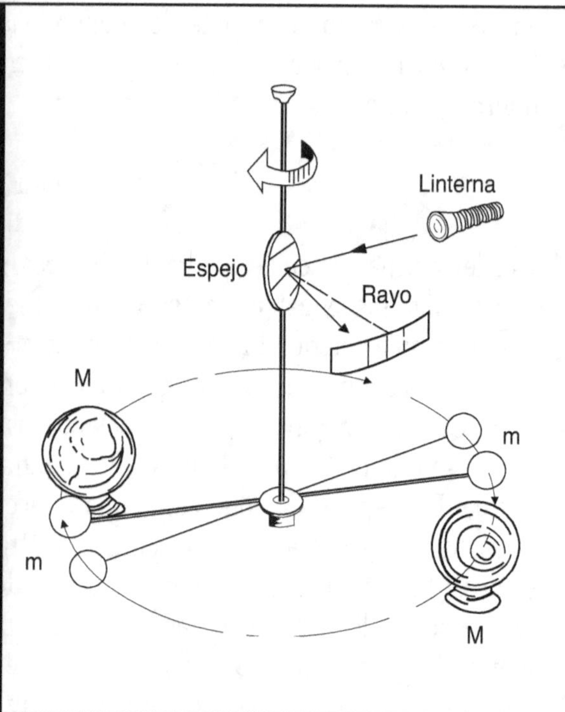

Figura 7. La balanza de torsión de Cavendish. Dicha balanza permitió comprobar por primera vez la ley de la gravitación universal de Newton. La fuerza de atracción entre dos masas M y m es directamente proporcional al producto de ambas masas e inversamente proporcional al cuadrado de la distancia que las separa.

mencionamos anteriormente, la Tierra y una manzana, la Tierra y un satélite artificial, la Tierra y la Luna, el Sol y la Tierra, el Sol y un cometa, Júpiter y uno de sus satélites, dos estrellas en un sistema binario, dos galaxias, etcétera. En este sentido se dice que la ley es universal.

Es importante destacar que las tres leyes de Kepler del movimiento planetario pueden deducirse a partir de la ley de gravitación universal, es decir que ésta incluye a aquéllas. Ya vimos que históricamente fueron primero las leyes de Kepler, pero Newton encontró una ley mucho más importante que las incluye y las generaliza, además de que con ella pueden hacerse muchas otras cosas.

La fuerza de gravedad y el peso de los objetos

El peso de un cuerpo es la fuerza con la que la Tierra lo atrae hacia su centro, es decir la fuerza de atracción gravitacional entre la Tierra y el cuerpo. Aplicando la ley de gravitación universal, si se considera que la masa de la Tierra es M_T, la del cuerpo es m y la distancia que los separa es el radio de la Tierra R_T, el peso del cuerpo es:

$$\text{Peso} = F = G\,\frac{M_T\,m}{R_T^{\,2}}$$

Por ejemplo, el peso de un cuerpo de 50 kg de masa en la Tierra es:

$$\text{Peso} = \frac{(6.67 \times 10^{-11}\ \text{Nm}^2/\text{kg}^2)(5.98 \times 10^{24}\ \text{kg})(50\ \text{kg})}{(6.37 \times 10^6\ \text{m})^2}$$

$$\text{Peso} = 491.5\ \text{newtons}$$

Por supuesto que este mismo objeto pesa distinto en la Luna o en otro planeta, ya que la masa y el radio de éstos serían diferentes a los de la Tierra. En la Luna los cuerpos pesan aproximadamente la sexta parte que en la Tierra. Aquí se ve claramente cómo los conceptos de masa y peso de un objeto son muy diferentes: la masa de un cuerpo es una cantidad intrínseca al cuerpo, que depende de la cantidad de materia que contiene, mientras que el peso del cuerpo depende del planeta en que se encuentre e inclu-so de la región de un planeta sobre la que esté posado; de hecho, el peso de un cuerpo puede ser cero, si se encuentra flotando en el espacio vacío lejos de cualquier planeta o estrella.

Con la fórmula para el peso de un cuerpo sobre la superficie terrestre podemos calcular la aceleración con la que el cuerpo cae al piso. La segunda ley de Newton de la mecánica dice que la fuerza neta que actúa sobre un cuerpo es igual a su masa por la aceleración, de manera que:

$$\text{Peso} = F = G\ \frac{M_T m}{R_T^{\,2}} = ma$$

Pero en la última ecuación la masa m se cancela y queda:

$$\text{Aceleración} = a = G\ \frac{M_T}{R_T^{\,2}} = 9.8\ \text{m/s}^2$$

Ésta es la aceleración de la gravedad, que suele denotarse con la letra g. Hemos demostrado, a partir de la ley de gravitación uni-versal, que en la superficie terrestre todos los cuerpos caen con la misma aceleración sin importar su masa, es decir que hemos com-probado lo que se deduce del experimento de Galileo.

Jugo de manzana

El establecimiento de la ley de gravitación univer-sal de Newton tuvo implicaciones muy profundas. Por una parte, ya mencionamos el hecho de que esta ley representa el primer ejemplo de una ley unificadora, que se aplica igualmente a los cuerpos terrestres y a los celestes; pero además contribuyó notablemente a un cambio de mentalidad muy positivo, que ya había comenzado a gestarse con Copérnico, Galileo y otros; esta ley ha servido muchísimo en la práctica para realizar cálculos, incluso en la época actual. Por ejemplo, una de las aplicaciones más importantes de esta ley está en la puesta en órbita de satélites artificiales, o en el lanzamiento de naves espaciales: tanto el movimiento de los satélites como el de las naves (tripuladas o teledirigidas) está gobernado en buena medida por la ley de gravitación universal, y es utilizada para calcular sus órbitas y trayectorias. Basta pensar, por ejemplo, en que hemos logrado que una nave se pose en la superficie de la Luna y regrese después a la Tierra, o que una sonda espacial se pasee por los entornos de Júpiter, Saturno, Urano y Neptuno, para darnos cuenta de la impresionante precisión que se ha logrado en los cálculos gracias en buena medida a que contamos con la ley de gravitación.

Durante la misión Apolo 11, que fue en la que por primera vez el hombre llegó a la Luna, el astronauta que se quedó en órbita alrededor de la Luna mientras sus dos compañeros alunizaban en el módulo lunar comentó por radio a los científicos de la NASA en la Tierra: "Es impresionante, parece ser Newton quien maneja la nave..."

Pero las aplicaciones de la ley de gravitación universal no terminan aquí: en el terreno de la astronomía fue de gran utilidad para calcular con gran precisión una serie de fenómenos como las órbitas de cometas, asteroides, planetas, o el movimiento de las estrellas en un sistema binario, o para entender el proceso de la formación de una estrella a partir de una nube de gas y su evolución posterior hasta que muere, o para comprender la formación de anillos alrededor de algunos planetas, etcétera. La ley de gravitación universal de Newton es el pilar fundamental de lo que se conoce como mecánica celeste, ciencia que se desarrolló vertiginosamente durante el siglo pasado y principios de éste. Por otro lado, esta ley se utiliza para entender y calcular fenómenos geofísicos como las mareas y para detectar yacimientos petroleros o de otras sustancias a partir de las anomalías locales del campo de gravedad de la Tierra.

En secciones posteriores hablaremos con más detalle de algunas de estas aplicaciones.

Gravitación universal y tercera ley de Kepler

Mencionamos ya que Newton se basó, entre otras cosas, en las tres leyes de Kepler del movimiento planetario para formular la ley de gravitación universal, y que esta ley contiene a sus predecesoras aunque en forma generalizada, es decir que a partir de ella pueden deducirse las leyes de Kepler. Para ejemplificar esto, haremos aquí una deducción simple de la tercera ley de Kepler. Para ello, considérese un cuerpo de masa m que gira alrededor de un cuerpo de masa M describiendo una órbita circular (véase la figura 8). (Consideramos una órbita circular, en vez de elíptica,

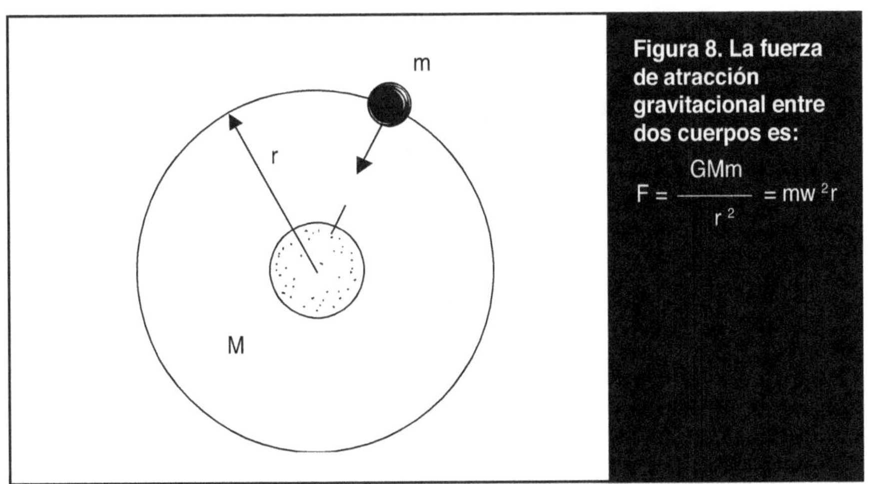

$$F = \frac{GMm}{r^2} = mw^2r$$

para simplificar los cálculos; la conclusión es la misma que en el caso general.)

La única fuerza que actúa sobre el cuerpo de masa m, que lo obliga a describir una trayectoria circular, es la fuerza de gravitación universal:

$$F = G\,\frac{M\,m}{r^2}$$

en donde r es la distancia entre ambos cuerpos, que en este caso es el radio de la circunferencia. Siempre que un cuerpo se mueve describiendo una circunferencia, la causa de este movimiento es la llamada fuerza centrípeta, que puede expresarse como $F = mw^2r$ en donde w es la velocidad angular expresada en unidades de radianes sobre segundo. De manera que en nuestro ejemplo la fuerza centrípeta necesaria para mantener al cuerpo en una circunferencia la produce la fuerza de atracción gravitatoria, es decir que:

$$F = G\,\frac{M\,m}{r^2} = mw^2r$$

En esta ecuación la masa m se cancela y queda:

$$G\,\frac{M}{r^2} = w^2r$$

Si llamamos T al tiempo que tarda el cuerpo en dar una vuelta completa, es decir al periodo, resulta que la velocidad angular es:

$$w = \frac{2\,\pi}{T}$$

en donde 2π es un ángulo de 360° expresado en radianes. Susti-tuyendo este valor de la velocidad angular en la ecuación anterior queda:

$$G\,\frac{M}{r^2} = \frac{(2p)^2}{T^2}\,r = \frac{4\pi^2}{T^2}\,r$$

reacomodando esta ecuación, resulta:

$$r^3 = \frac{GM}{4\pi^2}\,T^2$$

Ésta es ya la expresión a la que queríamos llegar, es decir, la tercera ley de Kepler. Si se hacen los cálculos considerando una órbita elíptica, se llega al mismo resultado sólo que en vez de r (el radio de la circunferencia), se obtiene el semieje mayor de la elipse. La fórmula que acabamos de encontrar establece que el cubo de la distancia es proporcional al cuadrado del periodo, que es pre- cisamente lo que afirma la tercera ley de Kepler, sólo que en este caso además tenemos el valor de la constante de proporcionalidad que es $GM/4\pi^2$. Si queremos estudiar problemas relacionados con el Sistema Solar, M será la masa del Sol; si se trata de describir las órbitas de satélites artificiales alrededor de la Tierra, M será la masa de la Tierra; si el objeto de estudio son los satélites de Júpiter, M será la masa de Júpiter, etc. Es decir que esta ley puede aplicarse a cualquier sistema en el que hay un objeto central alrededor del cual están en órbita otros objetos, y la constante correspondiente depende únicamente del objeto central.

Además de que con esta ley se relacionan el periodo y la dis-tancia a la que se encuentra un satélite o un planeta, también nos sirve para obtener la masa del objeto central si conocemos el periodo y la distancia de un cuerpo que está en órbita a su alrededor. Esto ha resultado de gran utilidad en astronomía, para determinar la masa de algunos objetos, que por otros métodos resulta muy complicado obtener. Por ejemplo, para determinar la masa del Sol, basta saber la distancia y el periodo de algún objeto que gire a su alrededor. Qué mejor objeto que la Tierra cuyo periodo T es de un año y su distancia r al Sol es de unos 150 millo-nes de kilómetros (en astronomía por lo general es mucho más simple determinar distancias que masas). Despejando M de la tercera ley de Kepler:

$$r^3 = \frac{GM}{4\pi^2} T^2$$

se obtiene:

$$M = \frac{4\pi^2 r^3}{GT^2}$$

para sustituir los valores de r y T hay que expresarlos primero en unidades del sistema internacional, es decir en metros y en segun-dos respectivamente, es decir:

$$r = 150,000,000 \text{ km} = 1.5 \times 10^8 \text{ km} = 1.5 \times 10^{11} \text{ m}$$

$$T = 1 \text{ año} = 365 \times 24 \times 60 \times 60 \text{ s} = 31,536,000 \text{ s}$$
$$= 3.1536 \times 10^7 \text{ s}$$

al sustituir estos datos y el valor de G en la fórmula anterior, se obtiene:

$$M = \frac{4(3.1416)^2(1.5 \times 10^{11})^3}{(6.67 \times 10^{-11})(3.1536 \times 10^7)^2}$$

$$M = 2.0086 \times 10^{30} \text{ kg}$$

que es la masa del Sol.

De la misma forma podríamos calcular la masa de la Tierra sabiendo el periodo de la Luna y la distancia entre ambas.

Los satélites artificiales

Girando en órbita alrededor de la Tierra existen actualmente cien-tos de satélites artificiales, lanzados con diversos propósitos: algunos son para la investigación científica, otros para recabar información meteorológica, otros para telecomunicaciones y otros para fines mi-litares. Todos ellos siguen fielmente la ley de gravitación universal de Newton y en particular la tercera ley de Kepler que acabamos de deducir, es decir la ecuación:

$$r^3 = \frac{GM}{4\pi^2} T^2$$

en la que, en este caso, M es la masa de la Tierra. De manera que las distancias r al centro de la Tierra y los periodos T de revolu-ción de todos estos satélites cumplen esta ecuación. Esto significa que para un satélite artificial, dado el periodo T, su distancia r está forzada a tener un cierto valor, y viceversa, dada la distancia r, su periodo T queda determinado.

De esta manera, si deseamos colocar un satélite a una altura dada, su periodo de revolución está obligado a tener un cierto valor.

También, si lo que deseamos fijar es el periodo, su distancia quedará determinada. Veremos un ejemplo de esto a través del caso de los satélites geoestacionarios.

Un satélite geoestacionario es aquel cuyo periodo es de 24 horas, es decir que gira junto con la superficie terrestre de manera que visto desde la Tierra se encuentra siempre en el mismo lugar. Todos los satélites de comunicaciones, como los satélites mexicanos *Morelos y Solidaridad* son geoestacionarios con el fin de poderlos localizar rápidamente. Ahora bien, el periodo de un satélite geoestacionario es de 24 horas, por lo que la distancia a la que se encuentra queda automáticamente determinada. ¿Cuál es esta distancia? La respuesta nos la da la tercera ley de Kepler: $r^3 = (GM/4\pi^2)T^2$ en donde M es la masa de la Tierra y T = 24 horas = 86,400 segundos. Despejando r y sustituyendo los datos, se tiene:

$$r = \sqrt[3]{\frac{GMT^2}{4\pi^2}}$$

$$r = \sqrt[3]{\frac{(6.67 \times 10^{-11})(5.98 \times 10^{24})(86,400)^2}{4(3.1416)^2}}$$

$$r = 42,250,406 \text{ m} = 42,250.406 \text{ km}$$

Como ésta es la distancia del satélite al centro de la Tierra, si queremos saber la distancia a la que se encuentra sobre la superficie terrestre hay que restarle el radio de la Tierra que es un poco más de 6,000 kilómetros.

De esta manera podemos afirmar que los satélites geoestacionarios se encuentran todos a una altura aproximada de 36,000 kilómetros sobre la superficie terrestre. Además, todos se encuentran sobre el ecuador ¿por qué?

Las fuerzas de marea

Lo que entendemos comúnmente por mareas son las subidas y bajadas de nivel del agua en el mar. Todos hemos observado que durante un día, el mar no tiene siempre el mismo nivel sino que cambia ligeramente. Si somos más observadores nos damos cuenta de que entre el nivel máximo, o marea alta, y el mínimo que le sigue, o marea baja, transcurren poco menos de 6 horas, y después de otro lapso igual regresa la marea alta y así sucesivamente. Este efecto no es igual de pronunciado en todas partes; hay luga-res en donde la diferencia en el nivel del mar es de 5 o 6 metros, y otros en que es mucho menor esta diferencia. ¿A qué se deben las mareas?, ¿a dónde se va toda esa agua durante la marea baja y por qué en un mismo lugar la intensidad de las mareas cambia en diferentes épocas del año?

A casi cualquier persona que se le pregunte nos responderá que las mareas se deben a la Luna, lo cual es básicamente cierto, pero ¿exactamente cómo es que la Luna logra "jalar" de esa ma-nera al agua de nuestros océanos? La respuesta está en la fuerza de atracción gravitatoria entre la Tierra y la Luna, pero el mecanismo no es tan sencillo.

La Tierra siente la fuerza de atracción debida a la Luna. Si lo vemos con más detalle, esta fuerza que ejerce la Luna no es exac-tamente la misma en cada punto de la Tierra; es ligeramente mayor en los lugares de la Tierra que están cerca de la Luna que en los que están lejos (véase la figura 9).

A esto se le llama fuerzas diferenciales. Cuando sobre un cuerpo actúan fuerzas diferenciales lo que éste "siente" es que lo jalan hacia afuera en ambas direcciones. Hablar de fuerzas o de aceleraciones es casi equivalente ya que por la segunda ley de Newton

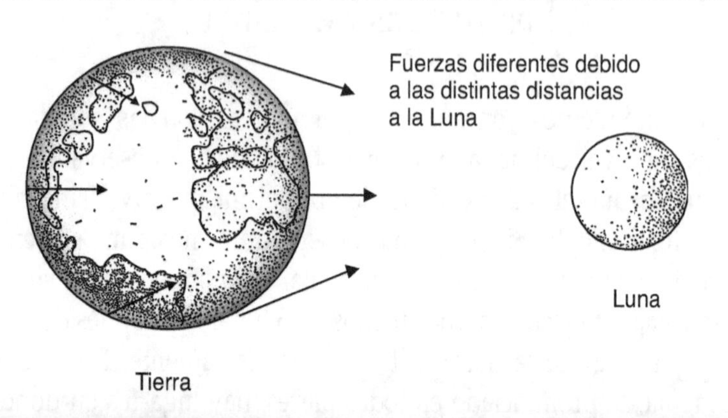

Figura 9. La fuerza que ejerce la Luna sobre la Tierra es ligeramente mayor en los puntos de la superficie de la Tierra que están más cerca de la Luna que las que están más lejos.

ambas se relacionan a través de la masa, por lo que en el siguiente ejemplo hablaremos de aceleraciones en vez de fuerza: imagine el lector que su brazo derecho se acelera hacia su derecha, mientras que su brazo izquierdo se acelera también hacia su derecha pero con menor aceleración; como su brazo derecho avanza más rápido que el izquierdo, lo que siente es que se le separan los brazos (véase la figura 10).

A la Tierra le pasa lo mismo: como la fuerza de gravedad es diferente en sus lados opuestos "siente" que la estiran (véase la figura 11).

A esto se une el hecho de que las fuerzas debidas a la Luna que actúan sobre los puntos A y B no son estrictamente paralelas, por lo que tienen una componente en la dirección de la recta AB, por lo que la Tierra siente un "apachurramiento" en esa dirección (véase la figura 12).

Estos dos efectos de las fuerzas diferenciales que la Luna ejerce

Figura 10. Si tus brazos se aceleran hacia el mismo lado, pero uno más que otro, sientes que te jalan en ambos sentidos, como si alguien intentara arrancarte los brazos.

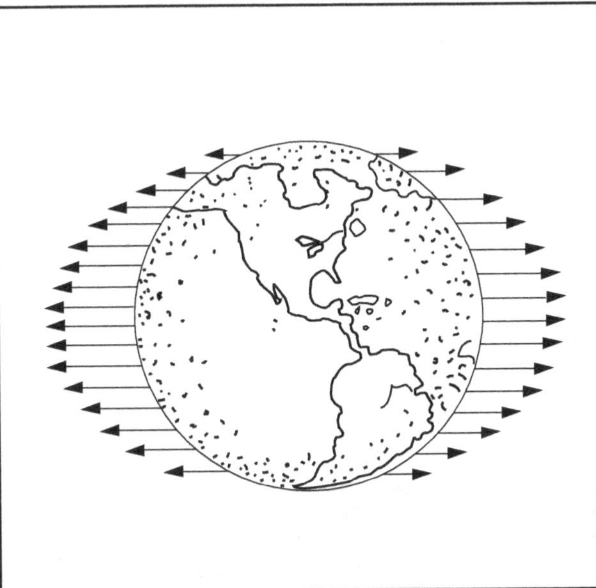

Figura 11. Fuerzas que en realidad siente la Tierra.

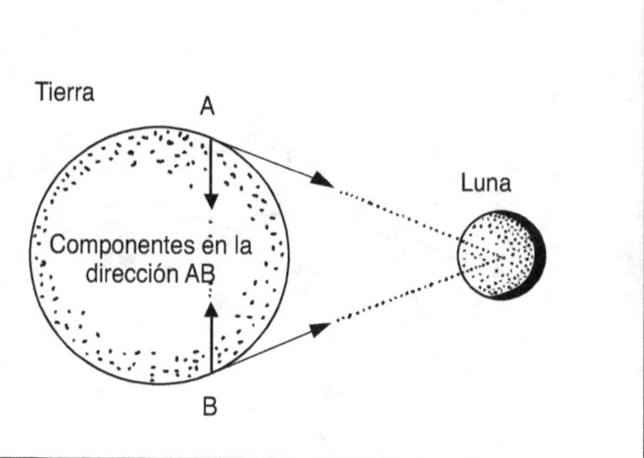

Figura 12. Como la fuerza que ejerce la Luna sobre la Tierra tiene una componente en la dirección AB, la Tierra se apachurra en esa dirección.

sobre la Tierra, a los que llamaremos informalmente estiramiento longitudinal y apachurramiento transversal, hacen que la Tierra tienda a deformarse como indica la siguiente figura (véase la figura 13).

Pero, por supuesto, como la parte líquida de la Tierra, es decir

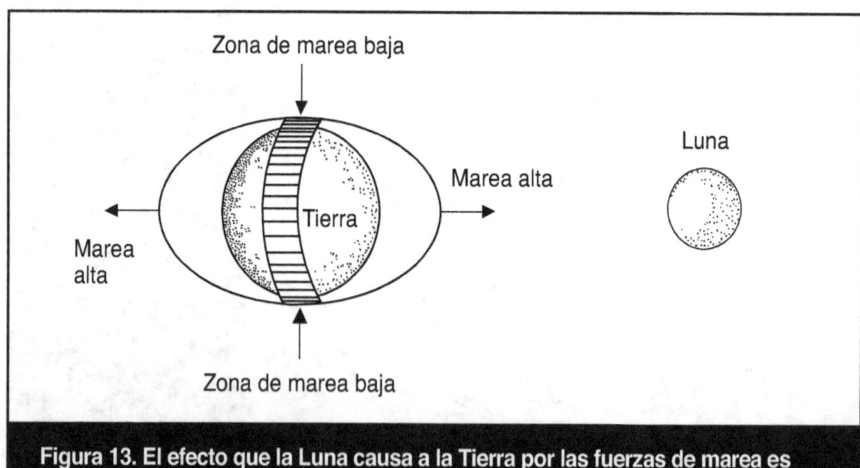

Figura 13. El efecto que la Luna causa a la Tierra por las fuerzas de marea es un estiramiento longitudinal y un apachurramiento transversal.

los mares, es mucho más sensible a esta deformación que la parte rígida, resulta que el nivel del agua sube tanto en la parte cercana a la Luna como en la lejana, y baja en las partes intermedias. La parte sólida de la Tierra también sufre este efecto, pero estas mareas terrestres son mucho menos pronunciadas (apenas de unos cuantos centímetros). Sin embargo, como se verá más adelante, también tienen su importancia.

Así pues, la marea alta ocurre en la parte de la Tierra más cercana y más lejana de la Luna. Como la Tierra gira sobre su propio eje y tarda 24 horas en dar una vuelta completa, resulta que el tiempo entre una marea alta y una baja es aproximadamente de 6 horas. En realidad es menor a 6 horas debido a que la Luna en ese tiempo avanza un poco en su órbita alrededor de la Tierra (véase la figura 14). Uno de los factores que hace que las mareas no sean

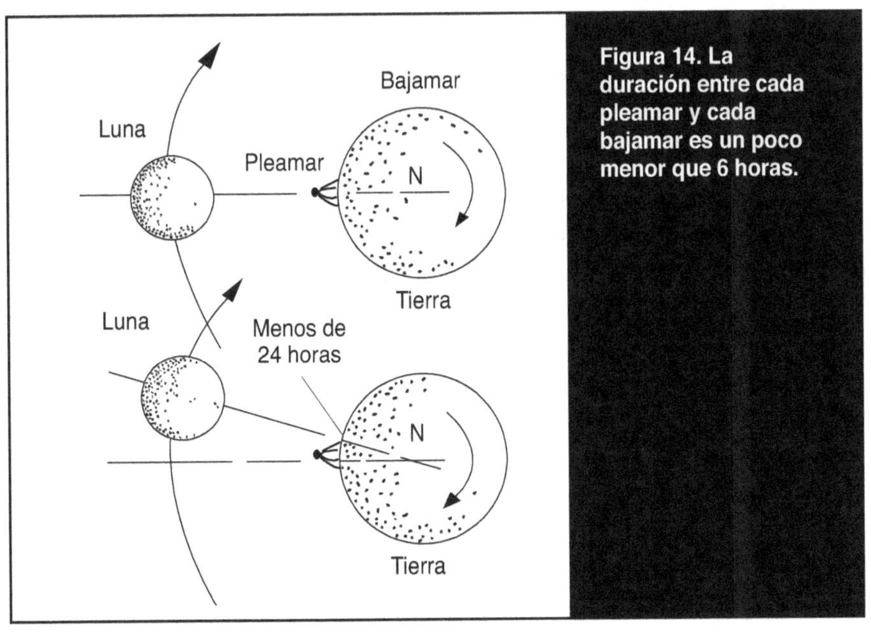

Figura 14. La duración entre cada pleamar y cada bajamar es un poco menor que 6 horas.

siempre iguales en un mismo lugar es que la Luna en su movimiento alrededor de la Tierra no va siempre sobre nuestro ecuador, sino que forma un ángulo con el plano de éste, aproximadamente de 5°.

Sin embargo, el factor más determinante para que las mareas no sean siempre iguales en un mismo lugar es que la fuerza de gravedad de la Luna no es la única causante de las mareas; el Sol interviene también, ya que produce, de la misma manera que la Luna, fuerzas diferenciales en la Tierra, por lo que también le provoca el efecto de estiramiento longitudinal y de apachurramiento transversal. El efecto del Sol es, sin embargo, notablemente menor al de la Luna (como una cuarta parte) debido a que está mucho más lejos de nosotros. Pero de todos modos sí afecta, a veces sumándose al de la Luna y a veces restándole intensidad, dependiendo de la posición relativa de ambos respecto a la Tierra.

Por ejemplo, si están alineados (no importa si del mismo lado o en lados opuestos de la Tierra), los efectos de apachurramiento y estiramiento se suman y las mareas son más pronunciadas (véase la figura 15). Si están formando un ángulo recto, los efectos de estiramiento y apachurramiento que produce el Sol se oponen a los que produce la Luna, y aunque la Luna "gana", el efecto neto es menos pronunciado (véase la figura 16). La producción de las mareas implica energía, la cual proviene por supuesto de la fuerza de gravedad, pero puede también utilizarse esta energía para fines prácticos y de hecho existen ya plantas piloto que producen energía eléctrica a partir de la energía de las mareas.

La palabra marea se debe por supuesto al movimiento del mar debido a las fuerzas diferenciales que acabamos de explicar, sin embargo el término se utiliza generalmente como sinónimo de fuerzas diferenciales. Así se habla de las fuerzas de marea que la Tierra produce sobre la Luna, aunque en la Luna no hay agua. En efecto, la Tierra le causa deformaciones a la Luna por efecto

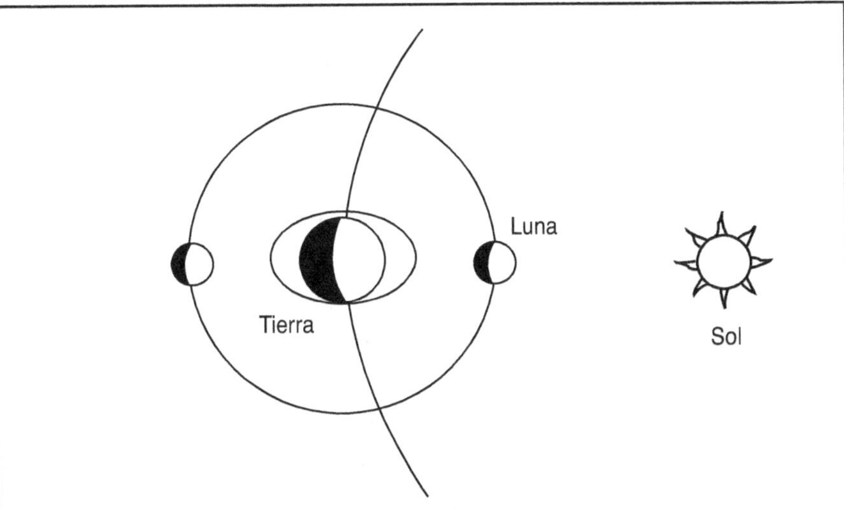

Figura 15. Al estar alineados la Luna y el Sol con la Tierra, las mareas son más pronunciadas.

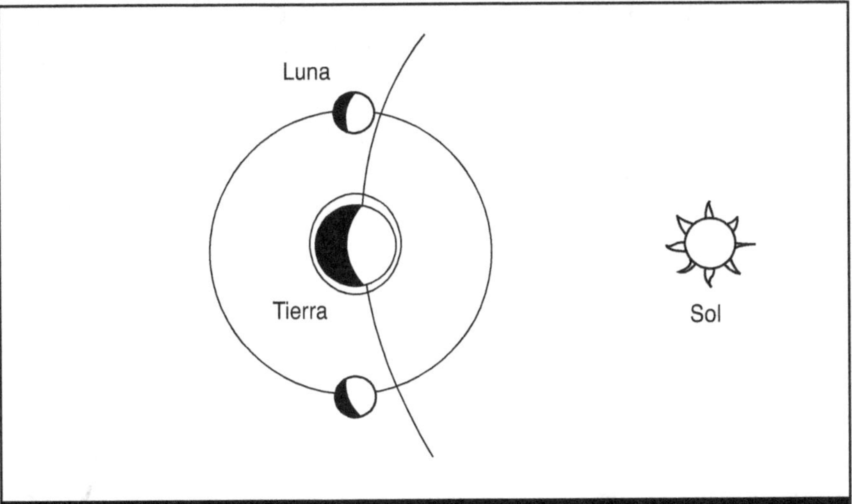

Figura 16. Al estar en escuadra el Sol y la Luna respecto a la Tierra, las mareas son menos pronunciadas.

de estas fuerzas de marea. Como la Luna es sólida, el efecto no es muy notorio, sin embargo, la energía gravitacional utilizada en deformarla es la causa de que la rotación de la Luna sobre su propio eje haya ido cambiando hasta acoplarse a su rotación alrededor de la Tierra de manera que siempre nos da la misma cara. Esto le ocurre a la larga a todo par de cuerpos unidos gravitacional-mente en los que hay fuerzas de marea. La Tierra misma termina-rá algún día dando siempre la misma cara a la Luna.

Cuando las fuerzas de marea se ejercen sobre un cuerpo sólido, éste tiende a calentarse por fricción entre sus partes al oponerse a la deformación. Este efecto no es muy notorio en la Tierra, pero una parte de la energía de las fuerzas de marea se transforma en calor interno de la Tierra. Este efecto es muy notable por ejemplo en el satélite Io de Júpiter, en el que las fuerzas de marea produ-cidas por ese planeta son muy grandes por lo que está sometido a fuertes deformaciones continuamente: algunos astrónomos atribu-yen la enorme actividad volcánica que se ha observado en Io a estas fuerzas de marea que transmiten grandes cantidades de energía al interior del satélite.

Las fuerzas de marea son a veces tan intensas que pueden llegar a romper en pedazos un satélite. Quizás la infinidad de partículas que forman los anillos de algunos planetas fueron parte de un satélite que estalló a causa de las enormes fuerzas de marea.

Por último, mencionaremos que las fuerzas de marea desempe-ñan un papel muy importante en los hoyos negros ya que por su impresionante fuerza de gravedad, las fuerzas diferenciales que producen en sus cercanías son también muy grandes. Pero de eso hablaremos posteriormente con más detalle al explicar los hoyos negros.

3

La manzana especial

Ya fuera que el pozo era muy profundo o que cayó muy lentamente, ella tuvo tiempo de sobra para, mientras iba descendiendo reflexionar y pensar en lo que ocurriría después.

ALICIA EN EL PAÍS DE LAS MARAVILLAS, LEWIS CARROLL

Hemos hablado ya de la ley de gravitación universal, de sus aplicaciones principales y de sus alcances, con cierto detalle y hemos intentado destacar su enorme utilidad aún en nuestros días para realizar cálculos relacionados con cosas que nos atañen directamente como es el caso de los satélites artificiales. El éxito que tuvo y los logros que permitió el establecimiento de esta ley, desde sus inicios hace más de 300 años han sido impresionantes. Sin embargo, hacia fina-les del siglo pasado los científicos se toparon con un problema

43

que esta ley no permitía resolver, es decir que descubrieron que la ley de gravitación universal de Newton parecía no ser omnipotente. El problema se conoce como el desplazamiento del perihelio de Mercurio, y lo describiremos en la siguiente sección.

Algo muy parecido ocurría en esa época en otras ramas de la física: las teorías parecían funcionar muy bien salvo por uno que otro "pequeño problema". Los físicos en esa etapa tenían en general una actitud triunfalista, muy comprensible dados los impresionantes avances en mecánica, mecánica celeste, electrodinámica, termodinámica, astronomía, etcétera, que parecían llevar a los científicos a una comprensión plena de las leyes físicas que gobiernan todo el Universo. La mayoría de los físicos pensaba que era cuestión de poco tiempo lo que se necesitaba para, con las teorías existentes, poder resolver esos "pequeños problemas" que quedaban pendientes, y así la búsqueda de leyes físicas tendía a su fin y sólo restaría a los científicos del futuro indagar y desarrollar sus posibles aplicaciones tecnológicas.

Esos "pequeños problemas" pendientes eran, además del desplazamiento del perihelio de Mercurio que ya mencionamos, el problema del éter, el de la radiación del cuerpo negro, el efecto fotoeléctrico y el movimiento browniano. Sólo algunos de estos fenómenos serán descritos en este libro.

Pero las cosas no resultaron como pensaban la mayoría de los físicos: al cabo de pocos años de intentar entender estos "pequeños problemas", se fue gestando la necesidad de crear nuevas teorías y leyes físicas muy diferentes a las anteriores, dando lugar así a lo que hoy conocemos como física moderna.

De esta manera las soluciones de los problemas de la radiación del cuerpo negro y del efecto fotoeléctrico dieron lugar a la mecánica cuántica; el movimiento browniano permitió gestar las primeras ideas sobre la mecánica estadística; el problema del éter dio paso a la creación de la relatividad especial y el problema del desplazamiento del perihelio de Mercurio se resolvió con la creación de la relatividad general. Es necesario hacer notar aquí que la creación de una nueva teoría, en general, está motivada por múltiples causas; las mencionadas aquí son algunas de las más importantes.

Como éste es un libro sobre la fuerza de gravedad, nos interesa especialmente el problema del desplazamiento del perihelio de Mercurio, único de aquellos "pequeños problemas" relacionado directamente con la gravedad, que propició, junto con otros hechos, la creación de una nueva teoría de gravitación: la relatividad general. Pero ese problema no fue la única motivación para crear la relatividad general; otra muy importante es la relatividad especial, que es otra de las nuevas teorías de grandes alcances que sirve de base para la nueva teoría de la gravitación que es la relatividad general. Por esta razón dedicaremos las siguientes secciones a estos dos antecedentes de la nueva teoría de la gravitación, por un lado al problema del desplazamiento del perihelio de Mercurio, y por el otro a la relatividad especial y sus consecuencias.

El desplazamiento del perihelio de Mercurio

Con la poderosa herramienta de la ley de gravitación universal y los métodos matemáticos de la época, los astrónomos del siglo pasado se dieron cuenta de que la órbita del planeta más cercano al Sol, es decir Mercurio, no es exactamente una elipse, sino una curva que asemeja una elipse que se va recorriendo como indica la figura 17. Se llama perihelio de una órbita al punto más cercano al Sol,

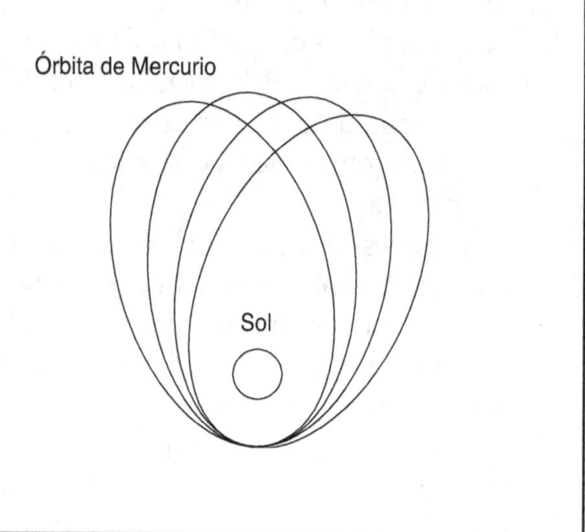

Figura 17. Desplazamiento del perihelio de Mercurio. Una de las predicciones de la teoría general de la relatividad propuestas por Albert Einstein.

por lo que a este fenómeno se le conoce como el desplazamiento o precesión del perihelio de Mercurio.

Este desplazamiento del perihelio es muy pequeño, pero las observaciones y técnicas de cálculo de la época permitieron detectarlo con gran precisión.

El problema es muy complejo, debido a que Mercurio es afectado gravitacionalmente además de por el Sol, por los demás planetas del Sistema Solar, sobre todo los cercanos y los muy masivos como Júpiter. Los cálculos mostraban que el efecto que los demás planetas causaban sobre la órbita de Mercurio es precisamente el del desplazamiento de su perihelio. El problema radicaba en que el tamaño del desplazamiento calculado de esta manera no correspondía con el desplazamiento observado. Aunque la diferencia era muy pequeña, trajo de cabeza a los científicos durante varios años. Los cálculos se revisaban una y otra vez, se hacían suposiciones como la de que a lo mejor existía en el Sistema Solar otro objeto desconocido que perturbaba también la órbita de Mercurio, pero no se encontraba una solución convincente. Para darnos idea de la enorme precisión de las observaciones, y la magnitud tan pequeña de la discrepancia entre los cálculos y las observaciones, mencionaremos que la diferencia entre el despla-zamiento del perihelio de Mercurio observado y el calculado era de apenas 43 segundos de arco por siglo. Hay que recordar que un segundo de arco es un ángulo de $1/3,600$ de grado. Sin embar-go, esta pequeñísima discrepancia era muy importante resolverla.

La solución tuvo que esperar varios años hasta que en 1915 Einstein presentó su teoría de la relatividad general, que predecía correctamente la precesión del perihelio de Mercurio. Los detalles de esta teoría y sus implicaciones los veremos más adelante, antes es necesario comprender el otro antecedente de la relatividad general, que es la relatividad especial.

Los sistemas de referencia inerciales

Antes de entrar de lleno a la descripción de la relatividad especial es oportuno comentar algo respecto a los sistemas de referencia en física. Para describir el movimiento de un objeto se requiere medir distancias y tiempos, para lo cual necesitamos definir un sistema de referencia, es decir establecer cómo y a partir de dónde vamos a medir las distancias y los tiempos. Lo que podemos afirmar es que hay sistemas de referencia desde los cuales podemos describir el movimiento de manera más simple. Por ejemplo, describir el movimiento de un avión desde el punto de vista de una mariposa que revolotea es endiabladamente complicado; mientras que describir el mismo movimiento desde un sistema en reposo respecto a la Tierra, o moviéndose a velocidad constante, resulta muy simple.

De hecho, estos sistemas de referencia que se mueven a velocidad constante o están en reposo son los más simples que se conocen y se llaman sistemas inerciales. Cuando estamos en uno de ellos no sentimos ninguna fuerza o tendencia que nos obligue a irnos hacia algún lado. Por ejemplo, cuando vamos en el Metro, a velocidad constante, podemos caminar y movernos como si el vagón estuviera parado, ya que estamos en un sistema inercial; pero si el Metro acelera, frena o toma una curva, el sistema deja de ser inercial e inmediatamente todos los objetos tienden a irse hacia algún lado.

Cuando se tiene un sistema inercial, cualquier otro sistema de referencia que esté en reposo o se mueva a velocidad constante respecto a éste, también es inercial. Existen entonces muchos sistemas inerciales, y para ciertos fines podemos afirmar que la Tierra es uno de ellos. Sin embargo, un sistema inercial perfecto no existe, el mejor que hemos encontrado es un sistema fijo respecto a las estrellas lejanas. En la teoría de la relatividad al igual que en la mecánica clásica, resulta de trascendental importancia el concepto de sistema de referencia y en particular el de sistema de referencia inercial.

La relatividad especial

Una de las teorías de la física que se ha hecho más famosa desde que fue formulada es la teoría de la relatividad (tanto la especial como la general). Esto se debe a la personalidad y genio de su creador, Albert Einstein, así como a sus sorprendentes y novedosos resultados que parecen atentar contra lo que llamamos el sentido común. Así, por ejemplo, la relatividad plantea que cuando un objeto se mueve muy rápido, se contrae, el tiempo se dilata, y su masa aumenta; o bien, que mientras que para un observador dos sucesos ocurren simultáneamente, para otro que se mueve respecto al primero sucede uno antes y el otro después.

No podemos ser testigos directos de ello porque en nuestra vida cotidiana los objetos se mueven muy despacio, y los "extraños" efectos que se han mencionado tienen lugar cuando las cosas se mueven muy rápido, a velocidades cercanas a la de la luz: 300,000 km/s. Todos estos fenómenos se han podido comprobar; por ejemplo, en los modernos aceleradores se ha medido con gran precisión cómo al acelerar una partícula su masa aumenta; mientras más rápido se desplaza, mayor es su masa, de tal manera que cada vez es más difícil aumentar, aunque sea un poquito, su velocidad. Con mucho esfuerzo puede lograrse que una partícula adquiera una velocidad muy cercana a la de la luz, pero sin alcanzarla, ya que entonces ¡la masa se volvería infinita!

Algunas partículas pueden viajar a la velocidad de la luz porque carecen de masa (se dice que su masa en reposo es cero). Así pues, la teoría de la relatividad impone un límite a *la velocidad a la que podemos movernos*, y aunque nuestras naves espaciales están aún muy lejos de alcanzarla, no deja de ser un poco decepcionante saber que hay una velocidad que nunca podremos rebasar. Actualmente podemos acelerar partículas a velocidades muy cercanas a la de la luz; para lograrlo se necesitan aceleradores que miden varios kilómetros de largo. Si la ley del aumento de la masa de Einstein no fuera cierta, para alcanzar estas velocidades bastaría un acelerador de unos cuantos centímetros de longitud. Ya nos adelantamos un poco mencionando algunas de las consecuencias de la relatividad especial; ahora vamos a ver cuál es el origen de esta teoría, cuáles son sus postulados, para de ahí comprender mejor estas "extrañas" consecuencias.

La velocidad de la luz desempeña un papel esencial en la teoría de la relatividad. Esto tiene que ver con el problema del éter que mencionamos anteriormente. Con el establecimiento de la teoría electromagnética en el siglo pasado, pudo demostrarse que la luz es una onda electromagnética, que viaja en el vacío a una velocidad de 300,000 km/s. Todos los tipos de ondas que se conocían necesitaban de un medio de propagación, por lo que se postuló la existencia de una "sustancia" llamada éter que estaba por todas partes del espacio y que era el medio de propagación de la luz. Sin embargo, el éter debía tener propiedades muy contradictorias; por un lado tendría que ser muy elástico para permitir la propagación de ondas tan rápidas, pero por el otro tenía que ser muy poco denso, muy tenue porque no podía detectarse. En 1887 se realizó un experimento muy famoso conocido como el experimento de Michelson y Morley, con el que se pretendía detectar la velocidad de la Tierra respecto del éter. Los resultados de este experimento de gran precisión fueron que esta velocidad es cero. Este resultado negativo recrudeció aún más el problema del éter, pues llevaba casi directamente a la conclusión de que el éter no existe. Sin embargo, muchos científicos siguieron aferrados a su existencia. En 1905 Albert Einstein propuso la teoría de la relatividad especial, en la que prescindía totalmente del éter pero a cambio resultaban de sus postulados ideas revolucionarias respecto a los conceptos de espacio y tiempo. La teoría de la relatividad especial se basa en dos postulados muy simples:

1) *Las leyes de la física deben de ser las mismas en todos los sistemas de referencia inerciales.*

2) *La velocidad de la luz es la misma para todos los sistemas de referencia sin importar con qué velocidad se muevan.*

El primer postulado, conocido también como principio de relatividad, establece que las leyes de la física deben ser las mismas para todo mundo. Se trata de un postulado casi filosófico, sin el cual resultaría muy difícil hacer ciencia. Además la experiencia que tenemos indica que, en efecto, este postulado es cierto. El segundo postulado es el que resulta muy audaz, ya que aunque es muy sencillo de enunciar, va en contra de nuestra intuición. Es equivalente a decir que la velocidad de la luz es la misma para todos los observadores sin importar cómo se muevan respecto a la fuente que produce la luz. Esto puede parecernos muy extraño porque en nuestra vida diaria no estamos acostumbrados a este comportamiento: si nos lanzan un objeto desde un vehículo que se acerca hacia nosotros recibiremos el objeto con mayor velocidad que si el vehículo estuviera quieto o se alejara de nosotros. Con la luz no sucede así, y cualquiera que mida su velocidad obtendrá el mismo resultado sin importar cómo y hacia dónde se esté moviendo.

¿Por qué Einstein pone este segundo postulado tan "extraño" como punto de partida de su nueva teoría? Las razones no son simples, pero tienen que ver, por un lado, con el problema del éter, ya que éste no es en absoluto necesario en la teoría de Einstein, y, por el otro, con que Einstein se dio cuenta de que las dos teorías fundamentales de su tiempo, la mecánica clásica y el electromagnetismo, presentaban entre sí ciertas incompatibilidades; había que "sacrificar" alguna de las dos, y Einstein consideró que el electromagnetismo, que era más moderno y describía perfectamente los fenómenos relacionados con la luz, era la teoría que había que mantener. De esta manera, el segundo postulado no contradice en lo más mínimo a las ecuaciones de Maxwell, que son la síntesis del electromagnetismo, pero sí representa el germen de una nueva mecánica, que no contradice a la de Newton, como veremos, pero sí la generaliza.

A partir de estos dos postulados se construye la teoría de la relatividad especial. El primer paso es ver con base en estos postulados cómo se traducen las coordenadas que indican la posición de un objeto y el tiempo, de un sistema de referencia inercial a otro. Para simplificar analizaremos dos sistemas de referencia como los de la figura 18.

En este caso, las coordenadas x, y, z y el tiempo t se relacionan

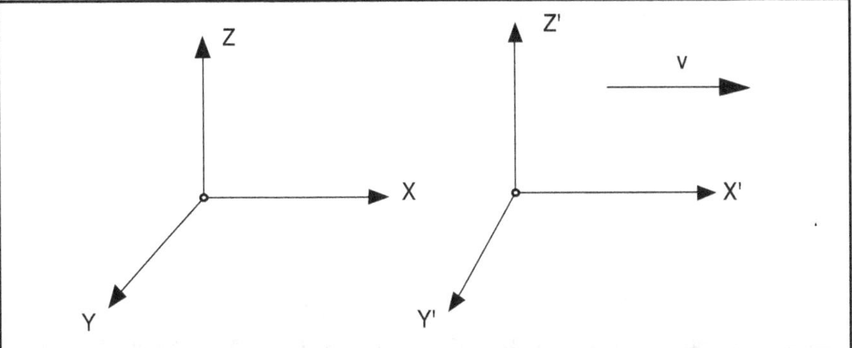

Figura 18. Dos sistemas de referencia que se mueven uno respecto al otro con velocidad v.

con las coordenadas x', y', z' y el tiempo t' mediante las ecuaciones:

$$x' = \frac{x - vt}{\sqrt{1 - v^2/c^2}}$$

$$y' = y$$

$$z' = z$$

$$t' = \frac{t - vx/c^2}{\sqrt{1 - v^2/c^2}}$$

en donde c es la velocidad de la luz y v es la velocidad de un sistema de referencia respecto al otro.

Estas fórmulas de transformación de un sistema de referencia a otro se conocen como transformaciones de Lorentz y contienen la esencia de la relatividad. Se deducen a partir de los dos postulados básicos y son las que se aplican para deducir los resultados de esta teoría.

Es importante observar que si la velocidad v es mucho menor que la de la luz (c), el cociente v/c es muy pequeño y, si lo despreciamos, las fórmulas anteriores se reducen a:

$$x' = x - vt$$
$$y' = y$$
$$z' = z$$
$$t' = t$$

que son las transformaciones galileanas que relacionan dos sistemas de referencia en la mecánica de Newton. Así pues, la mecánica clásica es un caso particular de la relatividad especial cuando las velocidades son relativamente pequeñas, pero cuando se acercan a la velocidad de la luz, las leyes que gobiernan el movimien-to son las de la relatividad especial.

Es importante hacer notar que el segundo postulado de la relatividad especial, que en el fondo es la razón de los profundos cambios que implica esta teoría, se ha comprobado experimentalmente cada día con mayor precisión, de diversas maneras, algunas de las cuales se mencionan más adelante.

Consecuencias de la relatividad especial

Una de las primeras consecuencias de la relatividad especial es que la simultaneidad es relativa, es decir que dos sucesos que para un observador en un sistema inercial ocurren al mismo tiempo, para otro observador en un sistema inercial diferente (es decir que se mueve con velocidad constante respecto al anterior), esos dos mismos sucesos no ocurren simultáneamente. Esto se demuestra, como todo en relatividad especial, utilizando las transformaciones de Lorentz, pero no lo haremos aquí; simplemente pondremos un ejemplo. Para alguien que va en un tren a velocidad v respecto al piso, las puertas delantera y trasera del vagón en que va se abren simultáneamente. Para alguien que observa desde el andén, una de las puertas se abre antes que la otra. Por supuesto que esto no se nota dado que la velocidad de nuestros trenes es bajísima, aún la del tren bala; para que el efecto se notara el tren tendría que ir a velocidades cercanas a la de la luz, digamos la cuarta parte, la mitad o más; mientras más rápido vaya, mayor será el efecto.

Otra consecuencia es que si desde un móvil que avanza con velocidad V respecto al piso, alguien lanza un objeto en la dirección en que va el móvil pero con velocidad v respecto al móvil, la velocidad con la que observamos al objeto no es V + v como sería según la mecánica clásica, sino:

$$v = \frac{V + v}{1 + Vv/c^2}$$

De este resultado puede observarse cómo esta "suma" de V y v nunca supera la velocidad de la luz aun si pusiéramos V = c y v = c. ¿Qué pasaría si alguien viaja casi a la velocidad de la luz llevando un espejo consigo?, ¿se vería en éste?, ¿por qué?

Otro resultado de la relatividad especial es que la longitud de un objeto también depende del sistema de referencia desde el que se mida. Si por ejemplo una barra tiene una longitud L_0 medida desde un sistema en reposo respecto a ella, la longitud L de esta barra medida desde un sistema de referencia que se mueve a velocidad v en la dirección de la barra es:

$$L = \sqrt{1 - v^2/c^2}\ L_0$$

Como $\sqrt{1 - v^2/c^2} < 1$, resulta que $L < L_0$ o sea que desde un sistema así, un observador vería contraída a la barra. Esta contracción sólo ocurre en la misma dirección del movimiento; por ejemplo, si una nave espacial tiene en un costado la insignia (véase la figura 19) y pasa a gran velocidad frente a nosotros, veremos la insignia con la letra E contraída en la dirección del movimiento, es decir (véase la figura 20).

Podemos afirmar entonces que la longitud de un objeto es relativa y depende de la velocidad de quien la mida con respecto al objeto.

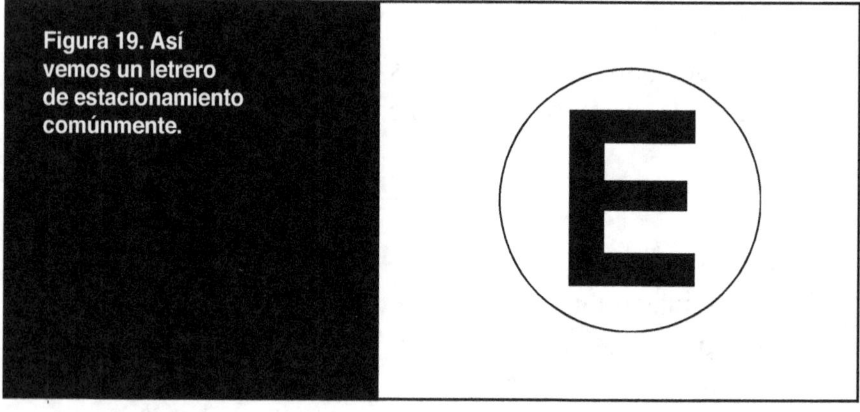

Figura 19. Así vemos un letrero de estacionamiento comúnmente.

Cuando hablamos de la longitud de un objeto, sin especificar nada más, se sobreentiende que nos referimos a la longitud del objeto medida por alguien que está en reposo con respecto al objeto, es decir L_0 en nuestro ejemplo.

Los intervalos de tiempo también son relativos: por ejemplo, si el tiempo transcurrido entre dos sucesos medido en un sistema de referencia en reposo respecto a ellos es t_0 el tiempo t entre esos dos mismos sucesos medido desde un sistema de referencia que se mueve con velocidad v respecto al anterior es:

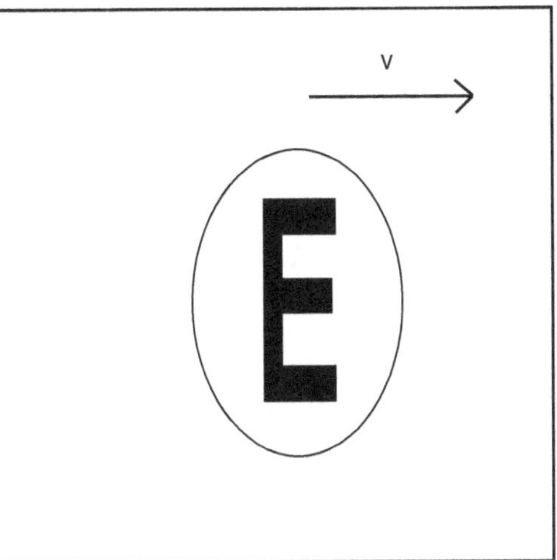

Figura 20. Así veríamos el letrero de la figura anterior si pasáramos junto a él con una velocidad cercana a la de la luz.

$$t = \frac{t_0}{\sqrt{1 - v^2/c^2}}$$

Como $\sqrt{1 - v^2/c^2} < 1$, resulta que $t > t_0$ es decir que el tiempo que mide el observador en movimiento es mayor. A este efecto de la relatividad se le llama la dilatación del tiempo. Dicho de otra manera: los intervalos de tiempo medidos en determinado lugar no son los mismos que los registrados desde otro sitio que se mueve respecto al primero. Se habla de una dilatación del tiempo porque el tiempo que transcurre para un objeto en movimiento, medido desde afuera, se amplía. Por ejemplo, si una partícula en reposo se desintegra en un segundo, la misma partícula en movi-miento rápido se desintegraría en dos, tres o más segundos, dependiendo de su velocidad. El tiempo también es relativo y depende de la velocidad de quien lo mida.

Ocurre algo muy similar con la masa de un objeto: si la medimos en reposo respecto al objeto, mide m_0, pero medida desde un sistema de referencia que se mueve con velocidad v respecto al objeto, la masa m detectada será:

$$m = \frac{m_0}{\sqrt{1 - v^2/c^2}}$$

de manera que también $m > m_0$, es decir la masa aumenta al aumentar la velocidad.

Otro resultado de gran importancia de la relatividad especial es la famosa ecuación:

$$E = mc^2$$

que relaciona la energía de un cuerpo con su masa. Esta fórmula se deduce también a partir de los principios básicos de la relatividad, y establece la equivalencia entre masa y energía, es decir que la energía tiene masa y que la masa puede transformarse total o parcialmente en energía. Esta fórmula se ha confirmado contundentemente en la física atómica, nuclear y de partículas, ya que en esos campos son comunes los procesos en los que una parte de la masa desaparece transformándose en energía. Por ejemplo, las bombas de fisión y de fusión al igual que las centrales nucleares que generan energía eléctrica, producen su energía de acuerdo con esta fórmula, la cual explica por qué pequeñas cantidades de masa se trans-forman en grandes cantidades de energía, ya que si c de por sí es grande, c^2 lo es mucho más. También se dan en la naturaleza procesos en los que a partir de energía se producen partículas como es el caso de la generación de un electrón y un positrón a partir de rayos gamma, proceso en que esta fórmula también se cumple. Esta fórmula ayudó a entender de dónde proviene la energía del Sol, ya que como sabemos hoy en día se origina en reacciones de fusión nuclear en su interior en las que dos núcleos de hidrógeno se jun-tan para formar uno de helio, pero la masa original es mayor que la final en esta reacción, y la masa faltante es la que se convierte en energía mediante la fórmula $E = mc^2$. Como último ejemplo de la equivalencia entre masa y energía establecida por la teoría de la relatividad, mencionaremos que si se tienen dos resortes idénticos, uno comprimido y otro libre, el comprimido pesa más, ya que tiene energía potencial, y la energía tiene masa, por lo que este resorte pesa un poco más que el que no guarda energía potencial; por supuesto que la diferencia de pesos en este caso es pequeñísima, pero se puede detectar.

En este momento podemos plantearnos una pregunta: hemos hablado de lo que ocurre cuando vemos un objeto en movimiento, y hemos dicho que si su velocidad es muy grande vemos su masa aumentada, su longitud contraída y el tiempo dilatado, pero ¿no podríamos pensar que es el objeto el que está en reposo y nosotros los que nos movemos y, por lo tanto, concluir que la masa que aumenta, la longitud que se contrae y el tiempo que se dilata son los nuestros? En efecto, *todo sistema de referencia tiene derecho a considerarse en reposo y ver al resto del mundo en movimiento.* Esto se sabe desde antes de Einstein. A todo esto se debe en esencia que la teoría se llame relatividad.

La velocidad límite

Una de las consecuencias más importantes (y un poco frustrante) de la relatividad especial es el hecho de que en el Universo hay una velocidad límite, es decir que nada puede moverse más rápido que la velocidad c de la luz que es de 300,000 km/s aproximadamente. Este hecho se desprende de los postulados de la teoría, y se hace explícito en varias de las ecuaciones que hemos mencio-nado. Por ejemplo, en la fórmula del aumento de la masa:

$$m = \frac{m_0}{\sqrt{1 - v^2/c^2}}$$

queda claro que la masa del objeto crece a medida que su veloci-dad v aumenta. En esta fórmula, si $v = c$, que corresponde al momento en que la velocidad del objeto es la de la luz, resulta una masa infinita (recordemos que al dividir una cantidad fija entre otra cada vez más pequeña, que tiende a cero, el cociente tiende a infinito). Esto significa que para acelerar un objeto hasta que alcance la velocidad de la luz hay que suministrarle una energía infinita, lo cual es imposible. En esta fórmula, al igual que muchas otras en las que aparece el término:

$$\sqrt{1 - v^2/c^2}$$

si $v > c$ se obtiene un número imaginario, ya que se trata de la raíz cuadrada de un número negativo. De manera que los objetos no pueden moverse tampoco a una velocidad mayor o igual a la de la luz.

En este punto cabe preguntarse ¿cómo hacen los fotones (que son las partículas de las que está hecha la luz) para viajar a la velocidad de la luz? La respuesta es que los fotones viajan a la velocidad de la luz sin violar la fórmula del aumento de la masa porque su masa en reposo es cero, es decir $m_0 = 0$. De esta manera, las partículas que viajan a la velocidad límite tienen masa en reposo cero.

Conviene hacer una aclaración: puede pensarse que hay una contradicción en esto, ya que, por un lado, decimos que los fotones no tienen masa y, por otro, que la luz transporta energía y la energía es equivalente a la masa. La cuestión es que la masa en reposo de los fotones es cero, pero su masa cuando van a la ve-locidad de la luz no es cero, sino una cantidad determinada por la mecánica cuántica que es:

$$m = h\nu/c^2$$

en donde h es una constante importantísima de la mecánica cuántica, llamada constante de Planck, y ν es la frecuencia del fotón, es decir el "color" de la luz que representa ese fotón en particular. De aquí se desprende que no todos los fotones tienen la misma masa (energía); ésta depende de su frecuencia. Pero éste es un resultado relacionado con la mecánica cuántica, por lo que está fuera de los objetivos de este libro. No hay que olvidar, sin embargo, que la masa del fotón es cero sólo cuando está en reposo.

El hecho de que en el Universo la mayor velocidad posible es la de la luz es un poco frustrante porque, aunque esta velocidad es muy grande para nuestros estándares, cuando hablamos de distancias a otras estrellas o aún más, distancias intergalácticas, la luz empieza a parecer lenta, muy lenta. Para darnos cuenta de esto basta pensar que la luz tarda un poco más de cuatro años en llegar a la estrella más cercana, o unos 100,000 años en atravesar el disco de nuestra galaxia, o 2 millones de años en llegar a Andrómeda, la galaxia más cercana a la nuestra, o miles de millo-nes de años en llegar a los cuasares.

Esto trae como consecuencia que al observar un objeto en el Universo, lo vemos como era en el momento en que emitió la luz que nos permite verlo. O sea que mientras más lejos vemos, más hacia el pasado estamos observando. Esto tiene ciertas ventajas para los astrónomos porque les permite ver objetos como eran en diferentes etapas de su vida y así elaboran modelos evolutivos de ese tipo de objetos.

Aquí es pertinente mencionar un efecto físico descubierto a mediados del presente siglo en el que podría parecer que se su-pera la velocidad de la luz: se trata del llamado efecto Cerenkov, que afirma que cuando una partícula en un medio se mueve a mayor velocidad que la luz, emite una radiación azulosa. Lo que sucede es que la luz no se desplaza con la misma velocidad en el vacío que en el vidrio, en el agua o en otro medio. Cuando hablamos de la velocidad de la luz sin especificar nada, se sobrentiende que nos referimos a su desplazamiento en el vacío, en donde su valor es de 300,000 km/s; ésta es la velocidad límite en el Universo. Sin embargo, en otras sustancias como las mencionadas, la luz viaja más lentamente, y en ese medio una partícula —como un electrón— puede viajar más rápido que esta velocidad. Cuando ocurre esto, se lleva a cabo el efecto Cerenkov: el electrón viajó más rápido que la luz en ese medio, pero nunca superó la velocidad de la luz en el vacío.

Es al pensar en posibles viajes interplanetarios, interestelares o intergalácticos, o en la comunicación con otros seres cuando nos gustaría poder viajar a mayor velocidad o poder enviar señales más rápidamente. Pensemos en una conversación telefónica imaginaria entre un individuo en Marte y otro en la Tierra: después de marcar el número (quién sabe cuál va a ser en el futuro la clave Lada), el de Marte contesta:

—¿Bueno?

Desde que él dice "bueno" hasta que su interlocutor lo escucha pasarían entre 4 y 20 minutos, dependiendo de la posición relativa entre Marte y la Tierra en esa época.

—Hola Pedro, soy Verónica, ¿cómo estás?

Una vez dicho esto, Verónica tiene que esperar a que su señal llegue a Marte, que su amigo le responda y que su señal regrese a la Tierra, es decir que va a esperar entre 8 y 40 minutos para empezar a escucharlo.

Además de las restricciones impuestas por la velocidad límite existe otra un poco menos severa, pero también frustrante, relacionada con el tiempo que tardaríamos en alcanzar velocidades cercanas a la de la luz en caso de que contáramos con una nave capaz de tal proeza, ya que las naves actuales desarrollan velocidades de hasta unos 60,000 kilómetros por hora. El problema radica en que nuestro cuerpo no resiste aceleraciones muy grandes durante tiempos largos. Por ejemplo, un astronauta entrenado aguanta durante tiempos cortos aceleraciones hasta de 10 g, es decir diez veces la aceleración de la gravedad en la Tierra, lo que se traduce en que durante ese tiempo siente como si pesara diez veces más de lo que pesa normalmente. Suponiendo que nuestra nave hipotética acelerara con 10 g, a partir del reposo, el tiempo que tardaríamos en alcanzar velocidades cercanas a la de la luz sería de un mes aproximadamente.

Los científicos han propuesto la existencia de unas partículas hipotéticas a las que llamaron taquiones, que viajan a mayor velocidad que la luz. Los taquiones tendrían masa y longitud imaginarias y su comportamiento sería muy extraño; por ejemplo, tendrían gravedad negativa (repulsiva) y al suministrarles energía se frenarían en vez de acelerarse. Por el momento los taquiones son una especulación y por supuesto nadie los ha detectado.

Quizás en un futuro sea necesario crear una nueva teoría que explique fenómenos aún no descubiertos y que abarque a la relatividad, así como ésta abarca a la mecánica clásica, en la que se "permita" el movimiento a mayor velocidad que la luz.

"Paradojas" de la relatividad especial

Todo lo que hemos dicho hasta ahora acerca de la relatividad es válido en sistemas inerciales; es decir, podemos aplicarlo cuando tanto el objeto como el observador estén en sistemas inerciales; es decir, que se muevan a velocidad constante.

Entonces, es cierto que cada observador tiene derecho a pensar que es al otro al que le ocurren todas estas cosas "raras" que resultan de la relatividad. Este aspecto relativo de las mediciones que hace cada observador es el que da lugar a algunas contradicciones aparentes, por lo que se habla de paradojas. Intentaremos ahora describir dos de estas paradojas para explicar cómo deben entenderse correctamente.

Primero, imaginemos dos cohetes idénticos que cruzan uno frente al otro a gran velocidad en sentidos contrarios. Uno de ellos tiene un rifle en la parte posterior que dispara en dirección transversal al movimiento de los cohetes (véase la figura 21).

El piloto del cohete *A* decide disparar en el momento en que su punta pasa exactamente frente a la cola del cohete *B*. Veamos

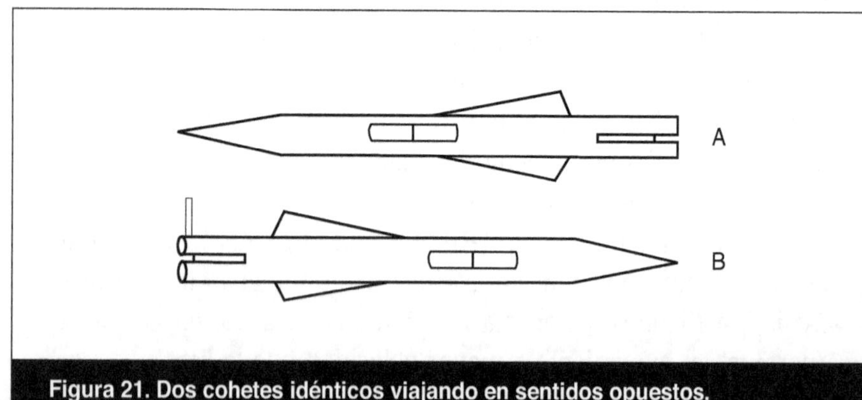

Figura 21. Dos cohetes idénticos viajando en sentidos opuestos.

cómo analizó la situación cada uno de los pilotos desde su propio sistema de referencia inercial: según *A*, *B* es el que se mueve y por lo tanto lo ve contraído; es decir, más corto. Entonces, en el mo-mento del disparo, *A* observa las cosas así (véase la figura 22) y, por lo tanto, falla el disparo.

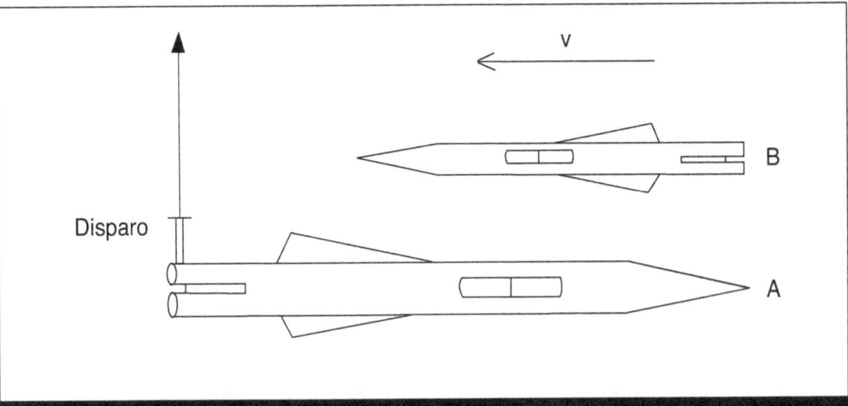

Figura 22. Desde el punto de vista de A, B se mueve, por lo que lo ve más corto, y entonces no le pega.

Según *B*, *A* es quien se mueve y lo ve contraído, y en el momento del disparo lo observa así (véase la figura 23):

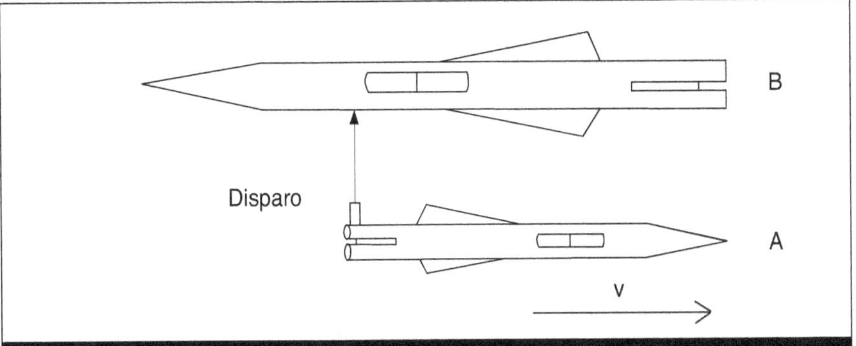

Figura 23. Según B, A se mueve con velocidad v, por lo que lo ve más corto, y entonces sí recibe el impacto.

¡Sí le pega!

Un piloto afirma que el disparo no da en el blanco y el otro sostiene que sí, ¿quién tiene la razón?, ¿está mal la relatividad o la estamos empleando incorrectamente y nos lleva a contradicciones?

Es claro que sólo puede ocurrir una cosa: da o no da en el blanco, y ambos pilotos deben llegar a la misma conclusión, ¿dón-de está el error?

Tanto A como B están en lo correcto al asegurar que es el otro el que se ve más corto. Sin embargo, la figura 23 es incorrecta porque al dibujarla así no se está tomando en cuenta un pequeño detalle que es resultado de la relatividad: dos acontecimientos que para un observador suceden al mismo tiempo, para otro observador pueden ocurrir uno después del otro; es decir, que la simultanei-dad es relativa.

En nuestro ejemplo dijimos que A dispara cuando su punta coincide con la cola de B, tal y como lo ilustra la figura 22, que es correcta, ya que A, al disparar, hace que el disparo y la coinciden-cia de su punta con la cola de B sean acontecimientos simultáneos. Pero para B estos acontecimientos no tienen por qué ser simultáneos y al trazar la figura 23 estamos suponiendo que sí lo son. Esta figura es incorrecta y fue la que nos llevó a la contradicción. Desde el punto de vista de B sucede primero el disparo y luego coincide su cola con la punta de A. La figura correcta en el momento del disparo se muestra en la figura 24.

Así pues, aunque cada observador puede ver las cosas de manera diferente, los hechos coinciden: A no le pega a B.

Otra aparente contradicción de la relatividad —muy famosa, por cierto— es la "paradoja de los gemelos". Imaginemos unos gemelos idénticos. Uno de ellos, Sebastián, se queda en la Tierra, mientras el otro, Ignacio, emprende un viaje espacial a velocidades cercanas a la de la luz y regresa después de cierto tiempo. Para Ignacio, que

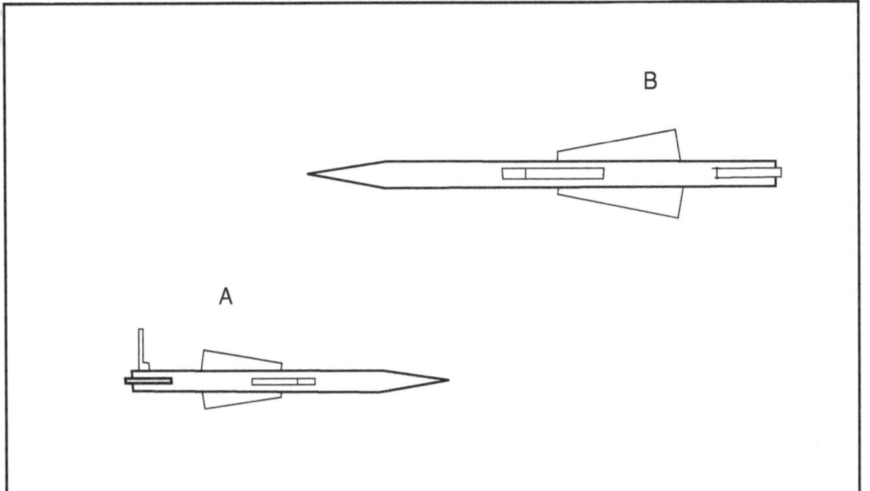

Figura 24. B observa a A más corto, pero ocurre primero el disparo que la coincidencia de la cola con la punta de A. El disparo no le pega.

viajó al espacio, transcurrieron cinco años; para Sebastián, que se quedó en la Tierra, transcurrieron 50; es decir, que desde el punto de vista de Sebastián, el tiempo que transcurrió para Ignacio se dilató, por moverse tan rápido, como lo explica la teoría de la relatividad. Pero ¿no podríamos considerar a Ignacio en reposo y a Sebastián moviéndose muy rápido, y llegar a la conclusión contraria de que al terminar el viaje es Ignacio el más viejo?

Si la velocidad con la que se mueve respecto al otro fuera siempre la misma, es decir, constante, ambos podrían afirmar que para el otro el tiempo transcurre más lentamente, y los dos estarían en lo correcto de acuerdo con la relatividad. Lo que sucede en este caso es que mientras Sebastián permanece todo el tiempo en un sistema inercial (la Tierra), Ignacio tiene que acelerarse para alcanzar gran velocidad y luego frenar para poderse encontrar con su hermano. Ignacio deja de estar en un sistema inercial puesto que al acelerar y frenar siente fuerzas que le quitan la inercialidad. Por esta razón *hay que aplicar una forma más complicada de la teoría de la relatividad* y concluir que, en efecto, en este caso no hay simetría entre los observadores: al encontrarse los gemelos, ¡Sebastián, el que se quedó en la Tierra, es mucho más viejo!

Al regresar, Ignacio se encuentra con que no sólo su hermano es más viejo, sino también todas las cosas sobre la Tierra; es decir, que para todos los objetos pasaron 50 años y por eso podemos decir que Ignacio viajó al futuro. La teoría de la relatividad nos permite en principio viajar al futuro; lo que no puede hacerse es regresar al pasado.

La teoría de la relatividad especial *no* permite viajar al pasado, ¿qué sucedería en caso contrario? Pasarían cosas muy raras. Por ejemplo, alguien podría viajar cinco años atrás para encontrarse consigo mismo más joven y ¡matarse! Pero si dejó de existir de esta manera, ya no hubiera podido llegar cinco años después para viajar al pasado... En contraste, los viajes al futuro, que *sí* permite la relatividad, aunque lleven a pensar en situaciones inverosímiles, no presentan contradicciones de causa y efecto como la anterior.

La relatividad siempre nos deja muchas cosas en qué pensar. Tenemos que acostumbrarnos a ella, recordemos que todavía no forma parte de nuestro "sentido común".

Espacio y tiempo y espacio-tiempo

De todo lo anterior podemos concluir que en la relatividad especial los conceptos de espacio y de tiempo son relativos. Ésta es en esencia la revolución que causó el advenimiento de esta teoría; en la mecánica de Newton tanto el espacio como el tiempo son ab-solutos, no dependen de quien los observe.

En contraste, en la relatividad, el tamaño de las cosas y el tiempo transcurrido son conceptos relativos que dependen del observador.

A este respecto hay un ejemplo que ilustra muy bien cómo se aprecian las cosas desde dos sistemas de referencia distintos. Este ejemplo además sirvió como comprobación experimental de la teoría de la relatividad. Aquí lo vamos a desarrollar cualitativamente, sin cálculos numéricos. El ejemplo es el siguiente: se conoce con precisión la vida media de unas partículas llamadas muones, es decir el tiempo promedio en que se desintegran, estando en reposo, para dar origen a otras partículas o energía. Por otro lado se sabe que a cierta altura (conocida) en la atmósfera se produce, como resultado de los rayos cósmicos, una cierta cantidad de muones. El hecho es que a la superficie de la Tierra alcanzan a llegar muchos muones, y se mide la velocidad con la que llegan. El problema es que dada la distancia que tienen que recorrer, la velocidad a la que se mueven y su vida media, no alcanzarían a llegar a la superficie. ¿Cómo puede explicarse el hecho de que sí lleguen? La respuesta está, por supuesto, en la relatividad, pero hay dos maneras equivalentes de analizar el problema. Primero, en nuestro sistema de referencia, la distancia que tiene que recorrer el muón es la que conocemos, pero como el muón se mueve bastante rápido, su tiempo de vida media lo vemos dilatado, es decir que desde nuestro punto de vista el muón vive más tiempo y entonces sí le da tiempo de llegar antes de decaer. Por otro lado, desde el sistema de referencia del muón, su vida media es la que se mide en reposo, demasiado corta para alcanzar a llegar a la Tierra, pero desde su punto de vista, la distancia que tiene que recorrer se contrae por el efecto relativista por lo que sí alcanza a llegar. Se ve claramente en este ejemplo cómo diferentes observadores interpretan de manera diferente las cosas, aunque el resultado final es el mismo; la realidad es una.

En la relatividad especial, el espacio y el tiempo, además de ser relativos, están íntimamente relacionados. No es como en mecánica clásica que además de absolutos son independientes. Una forma de decirlo es que en mecánica clásica, si quitáramos el tiempo quedaría el espacio y viceversa; en relatividad, si quitamos uno de los dos el otro no tiene sentido, desaparece.

Por esta razón en relatividad se acostumbra hablar de un ente único llamado el espacio-tiempo, que es un continuo de cuatro dimensiones, una temporal y tres espaciales. Vivimos en el espacio-tiempo: para ubicar por completo un objeto en un sistema de referencia hay que dar su posición, es decir sus tres coordenadas espaciales, y la hora, es decir el tiempo en el que se encuentra en el momento deseado. Este concepto de espacio-tiempo ha resultado de gran utilidad en el desarrollo de la relatividad especial y, como veremos, también en la general.

La luz y el efecto Doppler

Describiremos ahora otro resultado importante de la relatividad especial, del que haremos uso más adelante, se trata del efecto Doppler: Es fácil observar cómo el sonido de la sirena de una ambulancia, o de un camión de bomberos es diferente cuando se acerca a nosotros que cuando se aleja.

Esto se debe a que la frecuencia que percibimos de un sonido depende de la velocidad con la que nos movemos respecto a la fuente que emite el sonido, de manera que si esta velocidad es de acercamiento, percibimos una frecuencia mayor (sonido más agudo) y si es de alejamiento, percibimos una frecuencia menor (sonido más grave). El conductor de la ambulancia, que está en reposo respecto a la sirena, percibe siempre la misma frecuencia. A este fenómeno se le conoce como efecto Doppler.

Si observamos una onda de luz en reposo respecto a la fuente que la produce, la vemos con la misma frecuencia con la que se produce, pero si nos movemos respecto a la fuente, la frecuencia que observamos es diferente, es decir que con la luz, al igual que con el sonido, se tiene el efecto Doppler.

Si nos acercamos a la fuente, o la fuente a nosotros, la frecuencia que observamos aumenta, es decir que vemos la luz con una frecuencia recorrida hacia el violeta, que es el color de mayor frecuencia dentro de la parte visible del espectro electromagnético. Por esta razón se dice que al haber una velocidad de acercamiento entre la fuente y el observador hay un corrimiento hacia el violeta. De manera análoga, si la fuente y el observador se alejan, éste ve la luz con menor frecuencia de la que es emitida, es decir observa un corrimiento hacia el rojo.

La variación de la frecuencia en términos de la velocidad relativa entre la fuente y el observador está dada, según la relatividad especial, por la fórmula:

$$\nu = \frac{1 \pm v/c}{\sqrt{1 - v^2/c^2}} \, \nu_0$$

en donde ν_0 es la frecuencia emitida por la fuente y ν es la frecuencia que observa alguien que se mueve con velocidad v respecto a la fuente; el signo *más* se aplica cuando la fuente y el observador se acercan y el signo *menos* cuando se alejan.

Respecto al efecto Doppler de la luz hay un cuento que quizás sea una anécdota verdadera. Por una avenida de una gran ciudad iba manejando su automóvil un destacado físico, que como lleva-ba prisa se pasó un alto, pero tuvo la mala suerte de que lo paró una patrulla. Para tratar de evadir la ley, se le ocurrió una brillan-te idea, veamos el diálogo entre el patrullero y el científico:

—¿Qué pasó, jefe?, ¿mucha prisa?

—No oficial, pasó algo que usted ni se imagina.

—A ver, a ver, cuénteme.

—Mire, resulta que seguramente el semáforo estaba en rojo cuando yo pasé la línea...

—Claro que sí, por eso lo detuve.

—Sí, pero no me interrumpa, déjeme explicarle.

—A ver si es cierto, jefe.

—Pues resulta que esa luz roja yo la vi verde puesto que me iba acercando a ella como es natural, es decir que el efecto Doppler produjo un corrimiento hacia el violeta, y mi velocidad era tal que precisamente la frecuencia de la luz que me tocó ver fue la del color verde. Por lo tanto oficial, yo no tuve la culpa de pasarme ese alto.

—Y usted qué dijo, a este cuate ya lo engañé, ¿no?

—No, no oficial, no se trata de engañar a nadie, simplemente que así son las leyes de la física que no están contempladas en el reglamento de tránsito.

Nuestro amigo científico tenía razón, en efecto eso puede pa-sar: al igual que el sonido de la sirena lo escuchamos más agudo mientras más rápido se acerque a nosotros, una luz roja podemos verla de otros colores si nos acercamos a ella, y en particular si el acercamiento es a cierta velocidad, podríamos verla verde. Pero el físico no contaba con un hecho sorprendente: que el patrullero también sabía física. Veamos el desenlace de la historia.

—Con que las leyes de la física, ¿verdad jefe?

—Sí, claro, son infalibles.

El físico observó sorprendido cómo el patrullero sacaba una calculadora de su bolsillo y escuchaba cómo decía entre dientes mientras apretaba teclas: "La fórmula para el efecto Doppler de la luz es... y si despejamos la velocidad... la frecuencia del color rojo es... y la del verde... entonces..."

—Pues mire, jefe, voy a cambiarle la infracción. En lugar de hacérsela por haberse pasado el alto se la voy a aplicar por exceso de velocidad, ya que acabo de hacer los cálculos y resulta que para que un observador en movimiento vea verde una luz que originalmente es roja, la velocidad a la que debe ir es nada menos que de ¡50,000 km/s! A esta velocidad es un poco peligroso andar manejando en la ciudad, ¿no le parece, mi jefe?

El efecto Doppler tiene algunas aplicaciones importantes. Una de las más sorprendentes es que los astrónomos lo utilizan para medir la velocidad con la que se alejan de nosotros las galaxias y con eso puede conocerse también la distancia a la que se encuen-tran. Con el efecto Doppler pudo comprobarse que nuestro Universo está en expansión, ya que todas las galaxias lejanas muestran un corrimiento hacia el rojo, es decir se están alejando de nosotros y, además, mientras más rápido se alejan es porque están más lejos de nosotros.

¿Qué tiene de especial la relatividad especial?

La teoría de la relatividad se divide en especial y general, como ya hemos mencionado. La palabra especial aquí va en el sentido de restringida, es decir que la teoría especial es como el preámbulo de la general. Pero muy aparte de este problema semántico, la teoría de la relatividad especial tiene muchas cosas "especiales" en otros sentidos.

La relatividad especial hizo que cambiáramos nuestras concepciones de espacio y tiempo; en cuanto apareció en 1905 causó muchas polémicas y tuvo muchos detractores. Por ejemplo, salió publicado un libro llamado *Cien científicos contra Einstein*, en el que se trataba de argumentar lo absurdo de esta teoría. La respuesta de Einstein fue decir que para qué cien, con uno bastaba, si tuviera razón. Pero la relatividad fue imponiéndose poco a poco y sus comprobaciones experimentales, sus predicciones realizadas y sus innumerables aplicaciones hicieron que con el paso de los años fuera plenamente aceptada hasta que en nuestros días es utilizada cotidianamente por muchos investigadores sin cuestionarse ya su validez.

Las dos grandes teorías de este siglo, la relatividad y la mecánica cuántica, se unen para aplicarse en cierto tipo de problemas concernientes a la rama de la física conocida como mecánica cuántica relativista. Podemos decir que esta unión comenzó cuando el físico Paul A. M. Dirac combinó la ecuación de Schrödinger con la relatividad para obtener lo que se conoce como ecuación de Dirac. Con esta ecuación Dirac predijo la existencia del positrón, antipartícula del electrón: poco tiempo después el positrón fue encontrado. Ejemplos como éste hay muchos en la física moderna.

Se dice que si no hubiera existido Einstein, de todas formas muy poco después de 1905 alguien hubiera propuesto la teoría de la relatividad especial, puesto que era necesario este cambio y había varios científicos investigando en esa línea. Sin embargo, se dice que la teoría de la relatividad general se hubiera tardado varias décadas si no hubiera existido su creador: aquí sí Einstein se adelantó mucho a su tiempo.

Es muy importante insistir en que la relatividad especial no invalida a la mecánica de Newton. Todavía hoy en día se utiliza la mecánica clásica para muchos cálculos en multitud de disciplinas científicas y en ingeniería. Cuando la velocidad de las partículas es muy grande, las leyes de esta mecánica dejan de ser válidas y se hace necesario recurrir a la relatividad que explica muy bien estos fenómenos. La relatividad abarca a la mecánica clásica. Si en las ecuaciones relativistas hacemos que la velocidad sea pequeña comparada con la de la luz, éstas se reducen a las ecuaciones de la física newtoniana.

La relatividad especial establece las bases de la relatividad general. En la especial, todos los sistemas de referencia son inerciales, y cuando hay aceleraciones en un sistema de referencia es necesario hacer algunas consideraciones que, puede decirse, son ya del ámbito de la relatividad general en la que los sistemas de referencia son muy generales. En la relatividad especial no se consideran para nada las fuerzas de gravedad, mientras que la general es en sí una teoría de la gravitación. A partir de este momento vamos a dar el paso hacia la relatividad general, sus principios, consecuencias y aplicaciones, con base en lo que hasta ahora hemos visto.

La manzana general

Una cosa que he aprendido en una larga vida es que toda nuestra ciencia, comparada con la realidad, es primitiva e infantil, pero es lo más precioso que tenemos.

ALBERT EINSTEIN

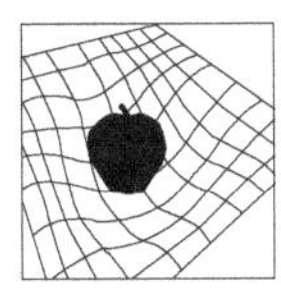

Mencionamos ya dos de las motivaciones principales que llevaron a Einstein a crear la relatividad general. La primera de ellas estaba relacionada con el problema de la precesión del perihelio de Mercurio, fenómeno que la ley de gravitación universal de Newton no podía explicar satisfactoriamente; la segunda motivación era la de generalizar la relatividad especial a sistemas de referencia arbitrarios. La manera en que procedió Einstein fue partir de esta última motivación y, una vez construida la teoría, verificar que ésta explicaba perfectamente la precesión del perihelio de Mercurio.

El punto de partida es entonces el principio de relatividad, pero en este caso aplicado a sistemas de referencia arbitrarios, es decir partir del postulado que en cualquier sistema de referencia las leyes de la física deben ser las mismas. Esto es muy simple de expresar, pero muy complicado de desarrollar debido, entre otras cosas, a que ya no se trata de sistemas de referencia inerciales, sino de cualquier tipo de sistema de referencia, ya sea acelerado, giratorio, etcétera. De esta manera, las ecuaciones de transformación de un sistema a otro son mucho más complejas que las transformaciones de Lorentz. Para lograr esto plenamente Einstein tuvo que recurrir a modelos matemáticos muy novedosos y complicados, además de que se le tuvieron que ocurrir ideas físicas claves para simplificar el problema; trabajó cerca de diez años, dedicado casi por completo al asunto, para poder construir su teoría. Obviamente aquí no podemos seguir este desarrollo, pero destacaremos las principales ideas.

Una pregunta que se nos ocurre inmediatamente es ¿qué tiene que ver lo que acabamos de mencionar sobre los sistemas de re-ferencia arbitrarios con la gravitación?, ya que nos han dicho que la relatividad general es en esencia una teoría de la gravitación. La respuesta está en una de las ideas geniales de Einstein, que fue la de incorporar como punto de partida de su teoría el llamado principio de equivalencia, el cual puede expresarse de varias maneras.

Es una consecuencia directa del resultado del experimento de Galileo, es decir del hecho de que todos los cuerpos, sin importar su masa, caen al suelo con la misma aceleración. Cuando hablamos del peso de los cuerpos, vimos que éste puede deducirse a partir de la ley de gravitación universal igualándola a la segunda ley de Newton; haremos lo mismo ahora, pero tomando en cuenta algo que no habíamos mencionado: lo que llamamos masa de un cuerpo tiene para nosotros dos significados. Por un lado, representa la resistencia de un cuerpo a ser acelerado, es decir es una medida de la inercia del cuerpo; a esta masa la llamaremos masa inercial y la representaremos por m_i.

Por otro lado, la masa de un cuerpo es la propiedad que lo hace "sentir" un campo de gravedad producido por algún otro cuerpo; a esta masa la llamaremos masa gravitacional y la representaremos por m_g. Se trata de dos propiedades muy diferentes en prin-cipio, y si a ambas se les llamó masa originalmente es porque se sospechaba que tenían mucho en común.

Si queremos analizar el movimiento de un cuerpo sujeto al campo gravitacional de otro cuerpo de masa M, hay que igualar la fuerza de gravedad con la segunda ley de Newton:

$$\frac{GMm_g}{r^2} = m_i a$$

Experimentalmente puede demostrarse que $m_i = m_g$ que es lo que demuestra el experimento de Galileo.

Como la masa inercial es igual a la masa gravitacional, podemos cancelarlas en la ecuación anterior y obtener:

$$\frac{GM}{r^2} = a$$

que significa que todos los cuerpos se aceleran de la misma manera cuando están bajo la influencia del campo gravitacional de M.

De acuerdo con lo anterior, el resultado de Galileo puede gene-ralizarse a cualquier campo gravitacional, no sólo el de la Tierra, con lo que se establece el principio de equivalencia que asegura que en cualquier campo gravitacional todos los cuerpos se aceleran de la misma manera, sin importar su masa. Otra manera de expresar el principio de equivalencia es decir simplemente que la masa inercial es igual a la masa gravitacional.

El principio de equivalencia representa una característica muy especial de la fuerza de gravedad: el movimiento de un cuerpo en presencia de una fuerza de gravedad no depende del cuerpo mismo, sino sólo de las condiciones iniciales, es decir del punto del espacio en el que se le ponga inicialmente y de la velocidad que se le imprima. Por ejemplo, si pudiéramos quitar a la Tierra de su órbita y poner en su lugar y con la misma velocidad cualquier otro cuerpo, éste describiría exactamente la misma órbita que la Tierra.

Esta característica de la fuerza de gravedad es realmente peculiar, y fue la que permitió a Einstein formular la teoría de la relatividad general. Después de formulada la teoría, se han hecho experimentos cada vez más precisos para comprobar el principio de equivalencia, es decir para demostrar el hecho de que la masa inercial es igual a la masa gravitacional. Todos estos experimentos de alta precisión han confirmado la validez del principio de equivalencia, fortaleciendo así la relatividad general.

Einstein visualizaba el principio de equivalencia de otra manera, que resulta más útil para los propósitos de la teoría y que permite responder a la pregunta que nos hacíamos al principio de esta sección acerca de la relación entre los sistemas de referencia acelerados y la fuerza de gravedad. Einstein pensaba así: imaginemos que estamos en el espacio dentro de una caja cerrada sin ventanas. Si la caja flota en el espacio, nosotros flotamos dentro de ella, pero si la caja se acelera en cierta dirección nosotros por inercia nos pegamos a la pared que resulta trasera si se considera el sentido de la aceleración de la caja. De igual manera, si la caja está asentada sobre la superficie de un planeta nos quedamos pegados a la parte inferior de la caja por nuestro propio peso. ¿Hay manera de distinguir, estando dentro de la caja, entre estas dos últimas situaciones? Es decir, en la caja ¿podemos averiguar mediante algún experimento físico si estamos en una caja acelerada o si estamos en presencia de una fuerza de gravedad? (véase la figura 25).

La respuesta es que resulta imposible, ya que si la caja se acelera, todos los cuerpos que están dentro se van hacia el lado contrario a la aceleración, y respecto a la caja todos tienen la misma aceleración; si la caja está sometida a una fuerza de gravedad, todos los cuerpos de adentro sienten la misma aceleración por el principio de equivalencia. En conclusión, Einstein expresaba el principio de equivalencia afirmando que es imposible mediante experimentos físicos diferenciar un sistema acelerado de un campo de gravitación.

Partiendo del principio de equivalencia y de lo mencionado al principio de esta sección, Einstein logró establecer la teoría de la relatividad general, que es una teoría geométrica del espacio-tiempo. La teoría afirma que un cuerpo como la Tierra se mueve alrededor del Sol, no porque esté sujeto a una fuerza, sino porque el espacio por donde orbita es curvo y lo obliga a moverse así. Esto puede afirmarse gracias al principio de equivalencia, por eso cualquier otro cuerpo en lugar de la Tierra se movería igual, como si en el espacio estuviera trazada una vereda por donde debe circular. Ésta es la característica esencial de la relatividad general. Dicho de otra forma, en relatividad general las causas del movimiento de los cuerpos no son fuerzas, sino la geometría del espacio-tiempo.

Expresar esto matemáticamente es complicado porque el espacio-tiempo tiene cuatro dimensiones, es decir, estamos hablando

Figura 25. Principio de equivalencia. Dentro de una caja cerrada, los efectos físicos que sentimos son los mismos si la caja va acelerada o si está en reposo, posada sobre la superficie de un planeta.

de la geometría de un espacio matemático cuatridimensional. Las matemáticas a las que recurrió Einstein para formular su teoría se conocen con el nombre de geometría de Riemann, que permite estudiar la geometría de espacios curvos de cualquier número de dimensiones.

Cuando un cuerpo describe cierta trayectoria por "culpa" de la geometría del espacio, se dice que el espacio es curvo y su curvatura es la que genera las "veredas" por donde deben moverse los cuerpos. La geometría de Riemann permite realizar los cálculos de las trayectorias si se conoce la geometría del espacio, es decir, si sabemos su curvatura. Para entender un poco mejor estas ideas es conveniente hacer un modelo bidimensional, en donde podamos visualizar las cosas. Pensemos primero en que el espacio donde se va a mover un objeto es un plano (véase la figura 26), en este caso, al darle una cierta velocidad inicial, su trayectoria será una línea recta, sin importar hacia donde lo lancemos. Pero si el espacio bidimensional es una superficie como la de figura 27: al lanzar un objeto describirá una trayectoria curva; si lo lanzamos con cierta velocidad, podría incluso describir una trayectoria cerrada, como la órbita de un planeta. En este caso es la curvatura del espacio (la superficie bidimensional) la que produce estas trayectorias.

El mundo en que vivimos, es decir la superficie de la Tierra, se comporta, en cierto sentido, de la misma manera; por ejemplo, cuando vamos de México a la India, el avión describe una trayectoria curva, porque la geometría de esta superficie esférica no nos permite viajar en línea recta (es decir por el interior del planeta).

De esta manera, en la relatividad general no hay fuerzas, sino que los campos gravitacionales quedan descritos por la geometría del espacio-tiempo. Una pregunta importante es ¿por qué no se hizo la relatividad con geometría en el espacio únicamente? De esta

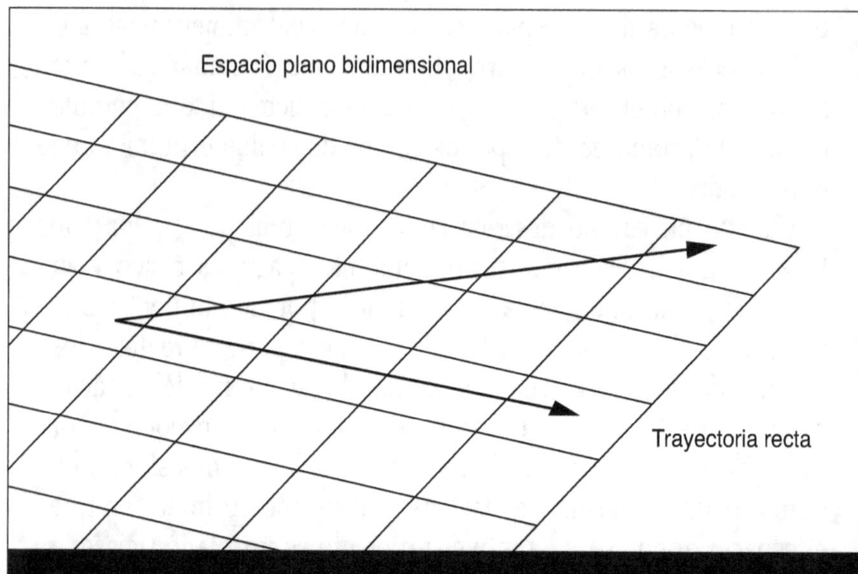

Figura 26. Espacio plano. La distancia mínima es una recta.

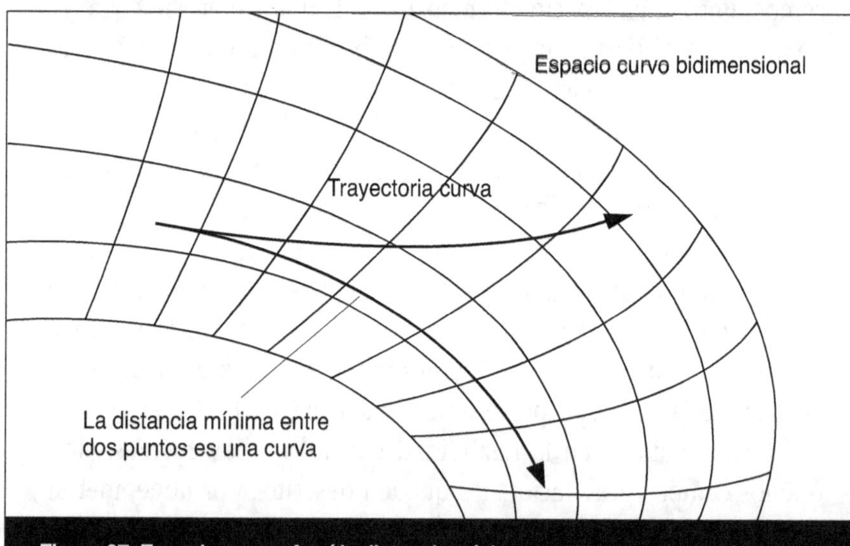

Figura 27. Espacio curvo. Aquí la distancia mínima es una curva o geodésica.

manera todo sería un poco más simple. La respuesta no es sencilla, pero en esencia tiene que ver con que la relatividad ge-neral
parte de la relatividad especial y no de la mecánica de Newton. Es
decir que en el caso en que no hay campos de gravedad, cuando
las trayectorias son rectas, el espacio no es curvo, y Einstein partió
del hecho de que en el espacio plano (sin gravedad) la mecánica
válida debe ser la de la relatividad especial y no la de Newton.
Puesto que en relatividad especial el espacio y el tiempo no son
independientes como en la mecánica clásica, es necesario trabajar
con el espacio-tiempo.

La teoría de la relatividad general proporciona una ecuación
para calcular la trayectoria de los objetos, en función de la
curva-tura prevaleciente en el espacio. Estas trayectorias se llaman geodésicas, y son el análogo de las trayectorias más cortas
posi-bles. En geometría convencional, la trayectoria que describe
el avión para ir de la Ciudad de México a Nueva Delhi es una
geodésica, es decir la trayectoria más corta posible. Las geodésicas de la relatividad general son difíciles de entender porque
se trata de un espacio cuatridimensional con la complicación extra
de que una de esas dimensiones es el tiempo. Por esta razón, el
concepto de distancia mínima no coincide con el que nos dicta
el sentido común.

Con la ecuación de las geodésicas, es decir con la ecuación de
la relatividad general que nos permite calcular las trayectorias de
los cuerpos a partir de la curvatura del espacio-tiempo, se calcula
por ejemplo la órbita de Mercurio alrededor del Sol. Sorprendentemente, el resultado obtenido coincide perfectamente con los
datos observados de la precesión del perihelio de Mercurio, que
tantos dolores de cabeza causó a los científicos antes de la llegada
de la relatividad general. Pero además pueden calcularse muchas
otras cosas, algunas de las cuales veremos más adelante.

Ya explicamos cómo en relatividad general las trayectorias de las partículas quedan determinadas por la curvatura del espacio. Pero quizás el lector ya se haya preguntado qué y cómo se produce la curvatura del espacio.

La respuesta la ofrece también la relatividad general. Así como en la ley de la gravitación universal el Sol produce la fuerza que hace que la Tierra gire a su alrededor, en relatividad general el Sol produce la curvatura del espacio-tiempo que determina la trayectoria de la Tierra o de cualquier otro planeta. Volviendo al ejemplo de la superficie bidimensional, en el ejemplo anterior, sin el Sol el espacio es plano, y los planetas se moverían en línea recta; pero el Sol curva el espacio haciendo que los planetas se muevan a su alrededor (véase la figura 28).

En términos más generales, la curvatura del espacio la produce una distribución dada de masa (y energía). La forma en que la

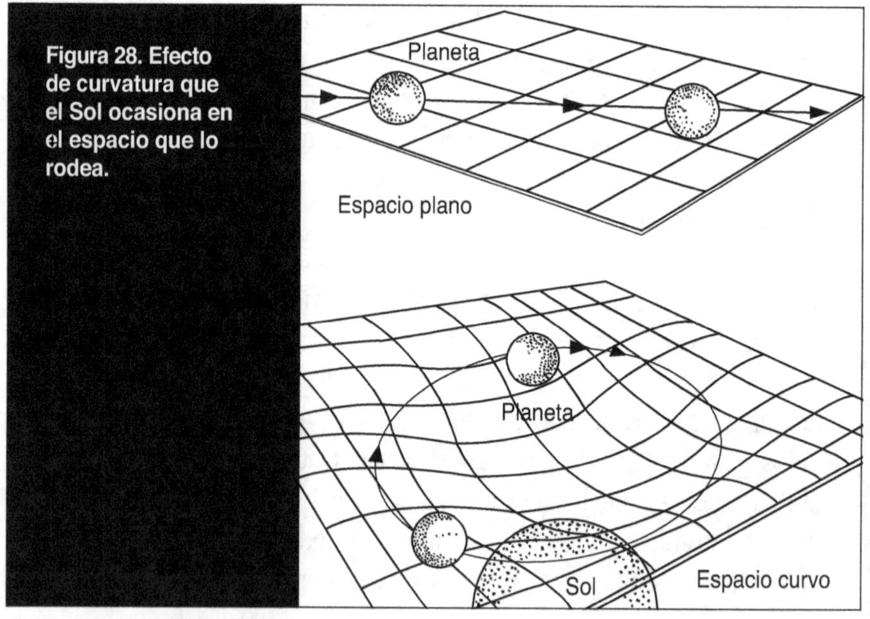

Figura 28. Efecto de curvatura que el Sol ocasiona en el espacio que lo rodea.

presencia de materia curva el espacio está perfectamente descrita por la relatividad general mediante las llamadas ecuaciones de Einstein. Estas ecuaciones son bastante complicadas, pero algunas de sus soluciones han proporcionado tanto explicaciones de algunos fenómenos como predicciones de otros. Mencionaremos algu-nos ejemplos más adelante.

Recapitulando, tenemos que la relatividad general es una teoría de la gravitación, que la describe geométricamente me-diante la curvatura del espacio-tiempo. Por un lado, la teoría nos permi-te encontrar la manera en que se curva el espacio dada una cierta distribución de materia, mediante las ecuacio-nes de Einstein y, por el otro, permite calcular las trayectorias de objetos que se mueven en ese espacio curvo mediante la ecuación de las geodésicas.

En este punto cabe aclarar que, así como la relatividad especial abarca la mecánica newtoniana y vale la pena aplicarla cuando las velocidades de los objetos son cercanas a la de la luz, la re-latividad general se reduce a la ley de gravitación universal de Newton cuando los campos de gravedad no son muy intensos. Se entiende que cuando los campos de gravedad alcanzan cierta intensidad, la ley de gravitación universal deja de funcionar y se hace necesario recurrir a la relatividad general. El problema de la precesión del perihelio de Mercurio es un ejemplo de un campo de gravedad suficientemente intenso (ya que Mercurio está bas-tante cerca del Sol) para que la ley de gravitación universal no lo explicara correctamente.

En la astronomía actual muchos problemas se resuelven con ayuda de la ley de gravitación universal, pero otros, como los relacionados con estrellas muy masivas, hoyos negros, pulsores, cuasares, la dinámica galáctica y la cosmología, etcétera, requieren el uso de la relatividad general.

La relatividad general se ha comprobado experimentalmente de varias maneras; sin embargo, la cantidad de estos experimen-tos no es muy grande, debido a que las condiciones en que se manifiestan los efectos relativistas no son muy comunes o son difíciles de observar con los medios actuales. Se siguen diseñando y realizando nuevos experimentos y hasta ahora la relatividad general ha pasado todas las pruebas.

Existen otras teorías de gravitación alternativas a la relatividad general. La mayoría de ellas son muy parecidas, sólo introducen pequeñas diferencias. La relatividad general tiene el mérito de haber sido una teoría totalmente revolucionaria e ingeniosa, por lo que se le considera uno de los mayores logros intelectuales de la humanidad. Su gran mérito e importancia continuará aun cuando en el futuro sea superada por otra teoría "mejor", cosa que tarde o temprano debe ocurrir, al igual que con todas las teorías científicas.

A continuación describiremos algunas de las consecuencias de la relatividad general.

La desviación de la luz

Uno de los fenómenos novedosos que predice la relatividad general, relacionado con una de las primeras demostraciones experi-mentales de la teoría, es que la luz, además de la materia común, también es afectada por la gravedad, es decir que la curvatura del espacio-tiempo hace que la luz se desvíe. Este efecto puede calcularse con precisión con la ecuación de las geodésicas, pero cualitativamente puede visualizarse mediante el ejemplo de la caja acelerada que utilizamos anteriormente: si nos encontramos dentro de una caja en una de cuyas paredes hay una fuente de luz, como se indica en la figura 29:

al acelerar la caja el rayo de luz parece curvarse como le pasaría a cualquier proyectil, aunque en este caso el efecto es menor por la magnitud tan grande de la velocidad. Como el principio de equivalencia establece que no se puede diferenciar entre la caja acelerada y la caja en presencia de un campo gravitacional, resul-ta que en este último caso la luz también debe desviarse (véase la figura 30).

Recién propuesta su teoría Einstein pensó que el campo de grave-dad del Sol es suficientemente intenso para observar este fenómeno, por lo que hizo los cálculos de la trayectoria de un rayo de luz que pasa muy cerca de su superficie, y propuso que el efecto se intentara observar durante un eclipse total de Sol, ya que durante la totalidad el brillo del Sol queda totalmente opacado por la Luna durante unos minutos y pueden observarse las estre-llas que están junto a él en ese momento. Pensó que la posición de alguna estrella

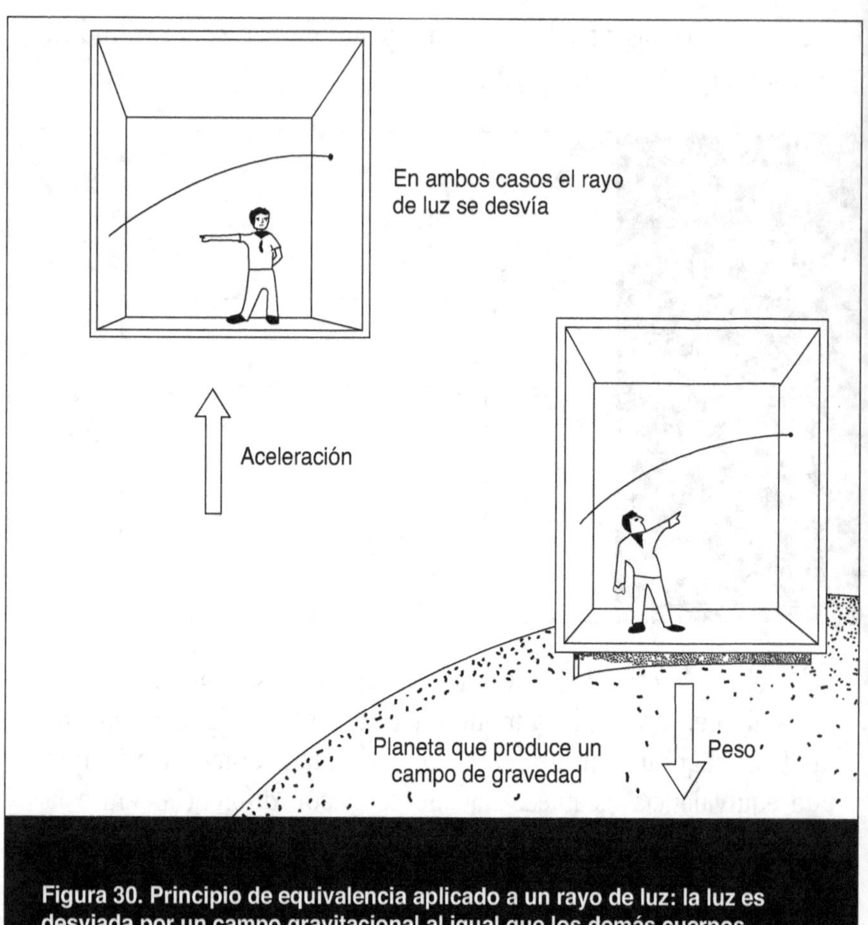

Figura 30. Principio de equivalencia aplicado a un rayo de luz: la luz es desviada por un campo gravitacional al igual que los demás cuerpos.

cuya luz pasara muy cerca del Sol durante el eclipse se observaría ligeramente desplazada debido a la desvia-ción de los rayos de luz producida por el Sol (véase la figura 31).

Se hizo una expedición en 1919 para observar un eclipse total que iba a verse en África, con el equipo necesario para llevar a

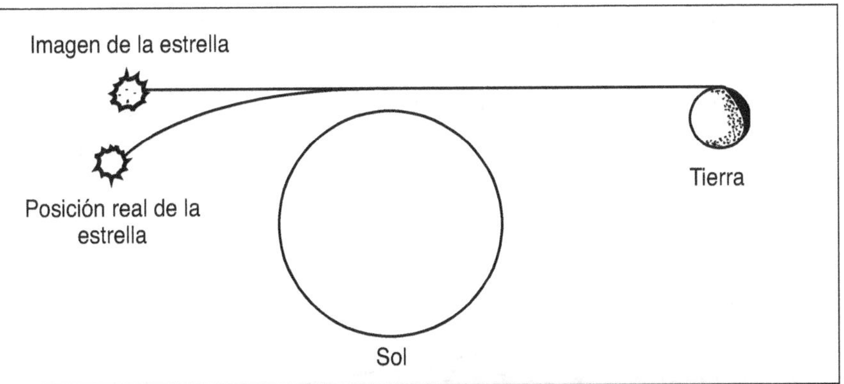

Figura 31. Desviación de la luz de una estrella debida al campo gravitacional del Sol.

cabo estas mediciones. Los resultados obtenidos estaban sorprendentemente de acuerdo con lo predicho por Einstein con su, en aquel entonces, nueva teoría. A partir de ese momento la relati-vidad general comenzó a ser aceptada y la fama de Einstein empezó a cundir por todo el planeta. En eclipses posteriores este resultado se ha confirmado cada día con más precisión.

Más recientemente, el fenómeno de la desviación de la luz fue observado por los astrónomos de manera diferente: primero descubrieron lo que llamaron dos cuasares gemelos, que eran dos cuasares cercanos en el cielo, con la peculiaridad de que sus espectros eran prácticamente idénticos. Los espectros de los objetos astronómicos, es decir la estructura y composición de la luz que emiten, son algo así como su huella digital, en el sentido en que es casi imposible que dos espectros sean idénticos. Esto hizo pensar mucho a los astrónomos y sospechar que podría tratarse del mismo cuasar que estaban viendo, por alguna misteriosa razón, dos veces. Esta misteriosa razón podría ser que entre el cuasar y nosotros hubiera un objeto masivo, como una nebulosa oscura o algo así, que estuviera desviando los rayos de luz provenientes del cuasar como se indica en la figura 32.

De esta manera lo que se observa son dos imágenes del mismo cuasar. A partir de entonces se han descubierto varias decenas

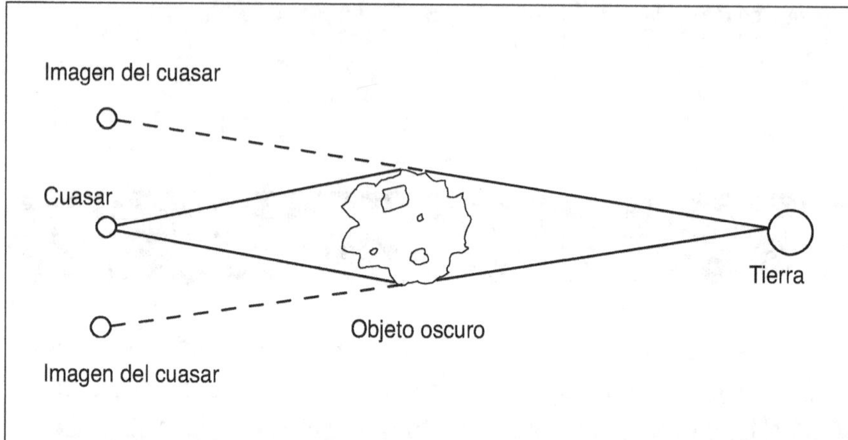

Figura 32. Efecto de lente gravitacional. Por la radiación de la luz se observan dos imágenes del mismo cuasar.

de cuasares gemelos, algunos triates e incluso quintillizos (¡cinco imágenes de un mismo cuasar!). A esto se le llamó el efecto de lente gravitacional, y todas estas observaciones han confirmado su existencia. Pero ¿por qué el efecto de lente gravitacional produce a veces dos imágenes, otras veces tres y hasta cinco? Si el objeto central que produce este efecto fuera una esfera perfecta y un cuasar, y nosotros estuviéramos situados de manera completa-mente simétrica, lo que observaríamos sería un anillo continuo de imágenes del cuasar (véase la figura 33).

Esto no ocurre así porque tal simetría perfecta es difícil que se dé y el objeto central en realidad es una nebulosa llena de irregu-

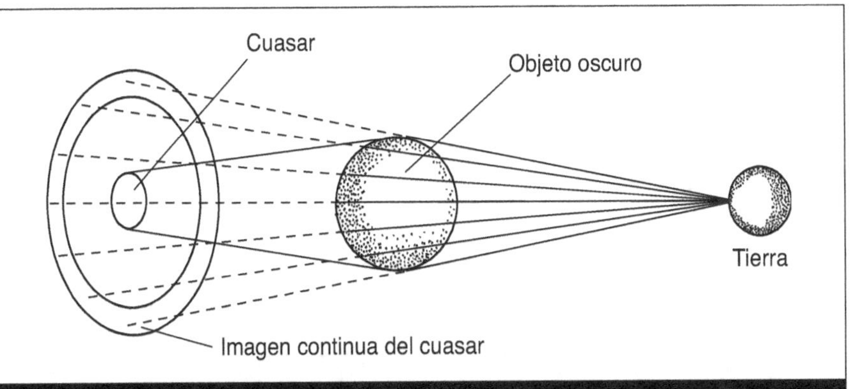

Figura 33. Si el objeto central fuera una esfera perfecta podríamos observar un anillo continuo de imágenes del cuasar.

laridades, sin embargo lo anterior se comprueba porque cuando se observan más de dos imágenes están situadas siempre sobre una circunferencia; de hecho, se ha observado ya un cuasar en el que no se ve el anillo completo pero sí se ve un arco de este anillo (véase la figura 34).

El efecto de lente gravitacional sirvió además para comprobar que los cuasares en efecto son objetos muy distantes, ya que de otra manera no se produciría el efecto. Algunos científicos dudaban

Figura 34. Imagen de un cuasar múltiple. Se aprecian varias imágenes de un cuasar por la deformación gravitacional del espacio producida por diferentes objetos.

de la lejanía de los cuasares por el hecho de que su distancia se mide mediante el efecto Doppler; se observa su espectro y si en él se advierte un corrimiento hacia el rojo, ello indica que se alejan rápidamente de nosotros. De acuerdo con el modelo de expansión del Universo, mientras más lejos están los objetos más rápido se alejan de nosotros. Estos científicos pensaban que el corrimiento hacia el rojo observado podría explicarse de alguna otra manera. Sin embargo, después de que se encontrara el efecto de lente gravitacional no quedaron dudas de que los cuasares están muy lejos.

El corrimiento hacia el rojo gravitacional

Cuando en una sección anterior describimos el efecto Doppler de la relatividad especial, vimos que si una fuente de luz se aleja de nosotros, la frecuencia con la que la observamos es menor que la frecuencia con que es emitida, es decir observamos un corrimiento hacia el rojo, mientras que si la fuente se acerca observamos un corrimiento hacia el violeta que corresponde a una frecuencia mayor. Ahora vamos a describir un corrimiento hacia el rojo en la luz, cuya causa es totalmente diferente: en este caso el efecto se debe a un campo de gravedad y es una de las predicciones de la relatividad general.

Cuando lanzamos un objeto hacia arriba, pierde energía cinética que le "quita" la fuerza de gravedad haciendo que su velocidad disminuya. Si lo que lanzamos no es un objeto cualquiera sino un rayo de luz, las partículas que forman la luz, es decir los fotones, también deben perder energía a causa del campo de gravedad de la Tierra. Pero los fotones no pueden perder velocidad por lo que esta pérdida de energía debe manifestarse de otra forma. Aplicando la relatividad general a este caso (el campo de gravedad puede ser cualquiera, no solamente el de la Tierra), Einstein predijo que los fotones pierden frecuencia, es decir, experimentan un corrimiento hacia el rojo. Para distinguirlo del otro, a este efecto se le llama corrimiento al rojo gravitacional.

La relatividad general predice este efecto cuantitativamente, y por supuesto que el efecto es mayor mientras mayor sea el campo gravitacional que lo produce. En 1924 los astrónomos lograron medir el corrimiento al rojo gravitacional de la luz proveniente de una estrella muy densa. Los resultados coincidían con los predichos por la relatividad general. En los años sesenta se logró medir el corrimiento al rojo gravitacional que experimenta un rayo de luz en la Tierra. El experimento se realizó en una torre de 22 metros de altura, y el resultado confirmó de nuevo la validez de la relatividad general. Este experimento fue de una precisión asombrosa, ya que el cambio en la frecuencia de la luz es pequeñísimo y sin embargo pudo detectarse con un error menor al 1%.

Los hoyos negros

Casi todo el mundo ha escuchado algo acerca de los hoyos negros, esos objetos astronómicos con un campo de gravedad tan grande que se "tragan" todo lo que pasa cerca de ellos. La posible existencia de estos objetos fue predicha desde el siglo pasado con base en la ley de gravitación universal de Newton; pero dado que su fuerza de gravedad es tan grande, se comprendieron mucho mejor, tanto su origen como sus propiedades, una vez creada la relatividad general. Vamos a describir a continuación a los hoyos negros. En un principio utilizaremos el enfoque de Newton, ya que así se intuye mejor su definición; posteriormente hablaremos de sus consecuencias relativistas.

Imaginemos que lanzamos un objeto hacia arriba. La altura que éste alcanza depende evidentemente de la velocidad con la que lo lancemos, es decir, que mientras mayor sea la velocidad que logremos imprimirle al objeto, mayor será la altura que alcance. Al soltarlo, el objeto queda sujeto únicamente a la fuerza de gravedad, la cual le va restando velocidad hasta detenerlo por completo a cierta altura, a partir de la cual comienza a hacerlo descender; la gravedad en ningún momento deja de actuar sobre el cuerpo. Mientras mayor es la velocidad inicial del objeto lanzado, más le cuesta a la fuerza de gravedad detenerlo, por lo que alcanza mayor altura.

¿Es posible lanzar un objeto con una velocidad tal que ya nunca regrese?, es decir, ¿existe alguna velocidad de lanzamiento del cuerpo que la fuerza de gravedad no sea capaz de contrarrestar por completo? La teoría de la gravitación universal de Newton responde afirmativamente a esta pregunta. Basta hacer algunos cálculos no muy complicados para encontrar esta velocidad a la que por razones obvias se le ha dado el nombre de velocidad de escape. Además, resulta que la velocidad de escape es la misma para cualquier objeto, puesto que no depende de la masa del objeto lanzado.

Por supuesto, nos costará mucho más trabajo imprimirle la velocidad de escape a un cuerpo muy pesado que a uno ligero, pero una vez que adquieren esta velocidad, ya no volverán a la Tierra ninguno de los dos.

Otro resultado importante es que no es necesario lanzar el objeto hacia arriba, puede hacerse en cualquier dirección, incluso horizontal. Si el cuerpo alcanza la velocidad de escape ya no regresará a la Tierra sin importar la dirección de lanzamiento, siempre y cuando no choque con otro objeto.

La velocidad de escape es, pues, la mínima velocidad con la que hay que lanzar cualquier objeto para que se aleje constantemente de la Tierra. Hay que aclarar que para poner cuerpos en órbita se requiere una velocidad de lanzamiento menor que la de escape.

Si bien la velocidad de escape no depende de la masa del objeto lanzado, sí depende de la del planeta o cuerpo astronómico de cuya fuerza gravitacional se pretenda liberar al objeto. Por ejemplo, la velocidad de escape de la Luna es la velocidad con la que hay que lanzar un objeto desde la superficie de la Luna para que ya no regrese a ésta.

Pero hasta el momento no hemos hablado de números. ¿Cuál es la velocidad de escape de la Tierra? Para calcular la velocidad de escape de cualquier planeta, la fórmula que resulta a partir de la ley de gravitación es:

$$v_{esc} = \sqrt{\frac{2GM}{R}}$$

donde M es la masa del planeta, R su radio y G es la llamada constante de gravitación universal que tiene un valor de: 6.67×10^{-11} m^3/kg $\cdot$ s^2 (en el Sistema Internacional de Unidades).

Si en la fórmula anterior incluimos la masa de la Tierra, que es M = 6×10^{24} kg y su radio R = 6,371 km, encontramos que la velocidad de escape de nuestro planeta es de 11.2 km/s, que corresponde a unos 39,600 km/h. El hombre ya es capaz de producir velocidades aún mayores que ésta. Gracias a ello hemos llegado a la Luna, a Marte (sin tripulantes) e incluso la sonda espacial Viajero 2 ya abandonó el Sistema Solar para internarse en el medio interestelar en el que vagará eternamente. La velocidad de escape de un planeta o cuerpo astronómico es una medida de la dificultad para abandonarlo, es decir, una medida de su fuerza de gravedad. Como vemos en la fórmula para la velocidad de escape, esto depende por supuesto de la masa del planeta, pero también de su tamaño. De hecho, depende de la concentración de la masa: un planeta tendrá una velocidad de escape mayor que otro con igual masa, pero de mayor tamaño.

Para comprender mejor esto sugerimos al lector que calcule la velocidad de escape para varios planetas y satélites del Sistema Solar, incluso del Sol, de los que se conocen sus masas y sus radios.

Todos los objetos que se encuentran en la superficie de un planeta y que se mueven con velocidades menores a la de escape están atrapados por la fuerza de gravedad del planeta, mientras que aquellos que se mueven con velocidades mayores o iguales a la de escape del planeta pueden vencer la gravedad y escapan definitivamente de la influencia de éste. Cuando hablamos de objetos en la superficie del planeta nos referimos a cualquier cosa que tenga masa, es decir, a cualquier cosa que sienta la fuerza de gravedad. Desde que Albert Einstein formuló su teoría de la relatividad sabemos, mediante la famosa fórmula $E = mc^2$, que cualquier forma de energía posee masa. Con base en esto, sin entrar en detalles, puede afirmarse que, por ejemplo, la luz siente la fuerza de gravedad y puede ser desviada por ella. Por otro lado, la teoría de Einstein afirma que es imposible moverse con velocidades superiores a la de la luz ($c = 300,000$ km/s); es decir, que esta velocidad es la máxima que puede existir.

Con base en lo anterior podemos preguntarnos si existe algún cuerpo con una concentración de masa tal que su velocidad de escape sea mayor que la velocidad de la luz. Si existiera un cuerpo así nada escaparía de él, ni siquiera la luz, que es lo que más rápido puede moverse en la naturaleza. A un cuerpo de este tipo se le ha dado el nombre de hoyo negro.

Para darnos idea de la relación que debe haber entre la masa y el tamaño de un hoyo negro recurrimos a la fórmula para la velocidad de escape, en la que igualamos la velocidad de escape a la de la luz, es decir:

$$v_{esc} = c = \sqrt{\frac{2GM}{R}}$$

si de esta fórmula despejamos R,

$$R = \frac{2GM}{c^2}$$

podemos calcular el tamaño que debe tener una masa M para convertirse en un hoyo negro. Por ejemplo, el radio que debería tener la Tierra para ser un hoyo negro es de 8.56 milímetros.

Para tener un hoyo negro basta con concentrar una cierta masa en una esfera que tenga un radio dado por la fórmula anterior.

Una vez que hemos logrado "construir" un hoyo aquí en el papel, nos hacemos las siguientes preguntas: ¿es posible que existan estos objetos?, ¿hay en la naturaleza mecanismos mediante los cuales pueda compactarse tanto una masa?, ¿cómo podemos darnos cuenta de que existen los hoyos negros, si de ellos no sale nada?, ¿en caso de existir, qué otras propiedades y características tienen los hoyos negros?, ¿cómo es la materia dentro de un hoyo negro?

Para que se forme un hoyo negro hacen falta densidades altísimas; debe concentrarse una gran cantidad de materia en un espacio pequeño. La magnitud de las fuerzas capaces de efectuar esa compresión es descomunal, ¿existen en la naturaleza fuerzas así?, ¿se pueden dar las condiciones necesarias para que al actuar dichas fuerzas se origine un hoyo negro? Una posible respuesta a estas preguntas reside en la evolución estelar, es decir, en los cambios que experimenta una estrella desde su "nacimiento" hasta su "muerte".

La gravedad desempeña un papel crucial en la evolución estelar: podemos decir que todo el proceso consiste en una lucha entre la gravedad y otras fuerzas que intentan contrarrestarla. Las estrellas surgen a partir de nubes de gas (casi siempre hidrógeno), las cuales se contraen por su propia fuerza de gravedad y forman una esfera gaseosa. Mientras mayor es la masa de esa esfera, mayor es su fuerza gravitacional y en su centro se crean las condiciones más extremas de temperatura y presión. Llega un momento en que dichas condiciones son suficientes para que se lleven a cabo reacciones de fusión entre núcleos de hidrógeno. En cuanto esto sucede podemos decir que ha nacido la estrella, ya que es precisamente la fusión nuclear la fuente de energía de todas las estrellas. Si la masa de la esfera de gas no es de la magnitud requerida para que se inicie la fusión en su centro, el resultado será un cuerpo sin brillo propio. Éste es el caso de Júpiter, que como planeta es enorme pero le falta masa para convertirse en estrella.

¿Cuáles son las fuerzas que luchan con la gravedad a lo largo de la vida de una estrella? Las estrellas pasan la mayor parte de su existencia en un estado de equilibrio: radian energía en forma continua y más o menos constante, sin que se den cambios impor-tantes en su tamaño o en sus condiciones internas. Durante ese largo periodo la fuerza que se opone a la contracción gravitacional es la llamada presión de radiación, la cual es resultado de las reacciones nucleares que tienen lugar en el interior de cada estrella. En cuanto el combustible nuclear empieza a agotarse, el equilibrio se rompe y se inician cambios radicales. Estos cambios son bastante complejos y no es nuestro objetivo explicarlos aquí; sólo diremos que ocurren por el desequilibrio entre la gravedad y la presión de radiación debida a la fusión de diferentes elementos, y que se manifiesta en el drástico aumento de la temperatura y la presión en el interior de una estrella.

La estrella sufre una expansión considerable y se convierte en una gigante roja. A partir de allí su final está cerca: el combustible nuclear casi se ha terminado y tiene lugar un colapso impresionante, determinado por el predominio de la gravedad, que culmi-na en una gigantesca explosión conocida como nova o supernova. Después de esta explosión una buena parte de la masa original de la estrella permanece unida en el centro, formando lo que será el "cadáver" del astro. Los remanentes son objetos muy densos, compactados durante la explosión por un efecto que podríamos imaginarnos como de rebote; la explosión se "apoya" en el núcleo de la estrella, comprimiéndolo fuertemente.

La evolución de una estrella depende en gran medida de su masa inicial: a mayor masa más rápida es la evolución y más violenta la explosión final, por lo que las fuerzas compresoras en el interior son también mucho mayores. Esto hace que existan varios tipos de "cadáveres" estelares: enanas negras, estrellas de neutrones y hoyos negros.

Las enanas negras corresponden a estrellas relativamente pequeñas, como el Sol. Después de la explosión queda una esfera de gas compactado, que aún conserva algo de brillo pero ya son muy pocas las reacciones nucleares que se dan en su interior. En esta etapa la esfera se conoce como enana blanca por su escaso brillo, el cual se va perdiendo paulatinamente hasta que queda un cuerpo inerte que, por lo que sabemos, no tiene ninguna evolución posterior. Si en las enanas negras ya no hay reacciones nucleares,

¿qué contrarresta la intensa fuerza de gravedad? Se trata de objetos en equilibrio, por lo tanto debe existir una fuerza que se oponga al colapso. Esta fuerza es de naturaleza cuántica y lo que la origina no es sencillo de explicar: los átomos de una enana negra están muy cercanos entre sí, al grado que puede decirse que comparten sus electrones; el comportamiento de la materia de la enana en estas circunstancias es muy similar al de un gas de electrones.

Una característica importante de los electrones es que están sujetos al principio de exclusión de Pauli, según el cual dos electrones de un sistema no pueden estar en el mismo estado, esto es, no es posible que tengan los mismos números cuánticos. La estructura atómica de los diferentes elementos responde a este principio, los electrones se acomodan de acuerdo al mismo, es decir que en un átomo no hay dos electrones con los mismos números cuánticos. La enorme presión que existe en una enana negra "obliga" a los electrones a estar muy juntos, a compartir estados, y éstos se "rehúsan" por medio del principio de exclusión de Pauli, generando una fuerza conocida como presión de degeneración; los electrones rechazan permanecer en lo que se ha llamado estados degenerados. En las enanas negras, el equilibrio *ad infinitum* se debe a la igualdad de la gravedad y la presión de degeneración.

Sin embargo, la presión de degeneración no es invencible: cuando se trata de una estrella cuya masa es de más de cinco veces la masa del Sol, la explosión que marca el final de su vida es gigantesca y el objeto que queda es también más masivo. La gran fuerza originada durante la explosión hace que se rompa la presión de degeneración de los electrones. Nuevamente se impone la gravedad, ¿qué podrá detenerla?, ¿existe un nuevo estado de equilibrio más allá de la presión de degeneración? Ocurre que después de romper esta barrera los átomos se hallan aún más cercanos unos de otros y en particular los electrones están más próximos a los núcleos formados por protones y neutrones. En estas condiciones cada protón se combina con cada electrón para formar un neutrón. Lo que resulta es un objeto sumamente denso que se conoce como estrella de neutrones.

Las estrellas de neutrones son de tal densidad que la magnitud de la fuerza de gravedad que tiende a comprimirlas es enorme, ¿habrá algo que pueda oponérsele? Al igual que los electrones, los neutrones siguen el principio de exclusión de Pauli y al encontrar-se demasiado cerca unos de otros, reaccionan rehusándose a que se les comprima más mediante una fuerza llamada presión de degenera-ción neutrónica. Así, las estrellas de neutrones son objetos estables en los que la gravedad permanece por siempre en equilibrio con dicha presión.

La pregunta que sigue es, naturalmente, si existen fuerzas capaces de vencer la presión de degeneración neutrónica. Los cálculos indican que la respuesta es afirmativa si la masa de una estrella es originalmente muy grande (hay estrellas de decenas de veces la masa del Sol). En un astro así la masa del cuerpo central remanente es también más grande; la fuerza de compresión a la que está sujeto por su propia gravedad y durante la explosión puede romper la presión de degeneración de los neutrones. El resultado es un objeto aún más colapsado que una estrella de neutrones, su densidad es extraordinariamente alta y su tamaño pequeño. La relación entre su masa y su radio es $R < 2GM/c^2$: se trata de un hoyo negro.

Y ahora la pregunta obligada es qué le ocurre a la materia una vez formado un hoyo negro, es decir una vez que mediante el proceso descrito se logra que una masa M se concentre en un radio menor que $2GM/c^2$. Se han hecho cálculos acerca de si habría una fuerza capaz de detener la tremenda fuerza de gravedad que tiende a colapsar más y más a un objeto de este tipo: se encontró que quizás en una primera etapa, una vez vencida la presión de degeneración de los neutrones, se forma una estrella de quarks, es decir que los neutrones como tales desaparecen y quedan solamente sus componentes básicos que son los quarks, que también ejercen una presión de degeneración. Sin embargo, los cálculos muestran que si la masa del hoyo negro es superior a las ocho masas solares, esta presión de los quarks tampoco es suficiente para detener el colapso y de hecho ya no hay nada capaz de hacerlo. La materia tiende a concentrarse entonces en un punto haciendo que la densidad tienda a infinito. Un punto de este tipo se llama singularidad.

Una vez formado un hoyo negro de masa M, visto desde afuera no afecta el hecho de que toda su masa tienda a concentrarse en la singularidad: la fuerza de gravedad que produce (o la curvatu-ra del espacio que produce) es tal que para un objeto exterior, si se rebasa la esfera de radio $2GM/c^2$ le será imposible volver a salir mientras que si está fuera de esta esfera todavía tiene posibilidades.

A esta superficie esférica se le conoce como el horizonte de eventos y representa la frontera del hoyo negro, ya que dentro de ella ni la luz escapa. Este horizonte de eventos va aumentando su tamaño, es decir su radio crece, a medida que el hoyo negro "traga" más masa, ya que su radio está dado por $2GM/c^2$ que depende de M (véase la figura 35).

Todo lo anterior se encuentra matemáticamente al resolver las ecuaciones de Einstein de la relatividad general. Éstas predicen la existencia de los hoyos negros, del horizonte de eventos y de la singularidad entre muchos otros fenómenos.

De hecho, la forma correcta de abordar el problema es de esta

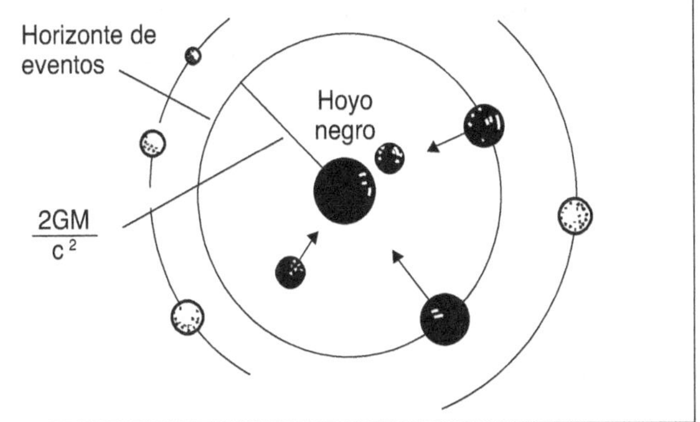

Figura 35. Todo cuerpo que rebase el horizonte de eventos cae irremediablemente al hoyo negro.

forma, y no mediante la gravitación de Newton como hicimos nosotros por simplicidad. Al resolver las ecuaciones de Einstein para un hoyo negro se encuentran soluciones matemáticas curiosas, que se han prestado para hacer una serie de especulaciones. La geometría del espacio alrededor de un hoyo negro, resultante de estas soluciones, es complicada, pero veremos sus análogos bidimensionales, con los que podemos visualizar lo que ocurre en el espa-cio real de tres dimensiones: una de estas soluciones afirma que el espacio curvado por un hoyo negro tendría el siguiente aspecto (véase la figura 36) que puede interpretarse como que un hoyo negro es el puente entre

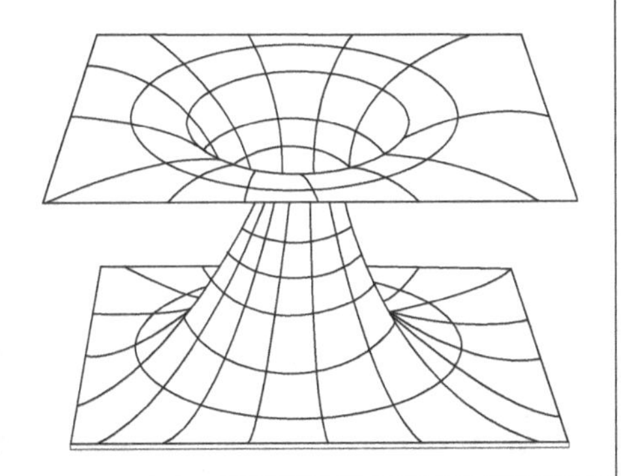

Figura 36. Versión bidimensional de una de las soluciones de las ecuaciones de Einstein para el espacio-tiempo alrededor de un hoyo negro.

dos Universos, el plano de arriba es el nuestro, y el de abajo es el otro. Toda la materia que se va por el hoyo negro sale en el otro Universo a través de lo que podría llamarse un hoyo blanco. También podría ocurrir al revés, es decir que el hoyo negro esté en el otro Universo y el blanco en el nuestro.

A esta solución se le conoce como puente de Einstein-Rosen o agujero de gusano. Otras dos posibilidades permitidas matemáticamente por la relatividad general tendrían el siguiente aspecto (véase la figura 37):

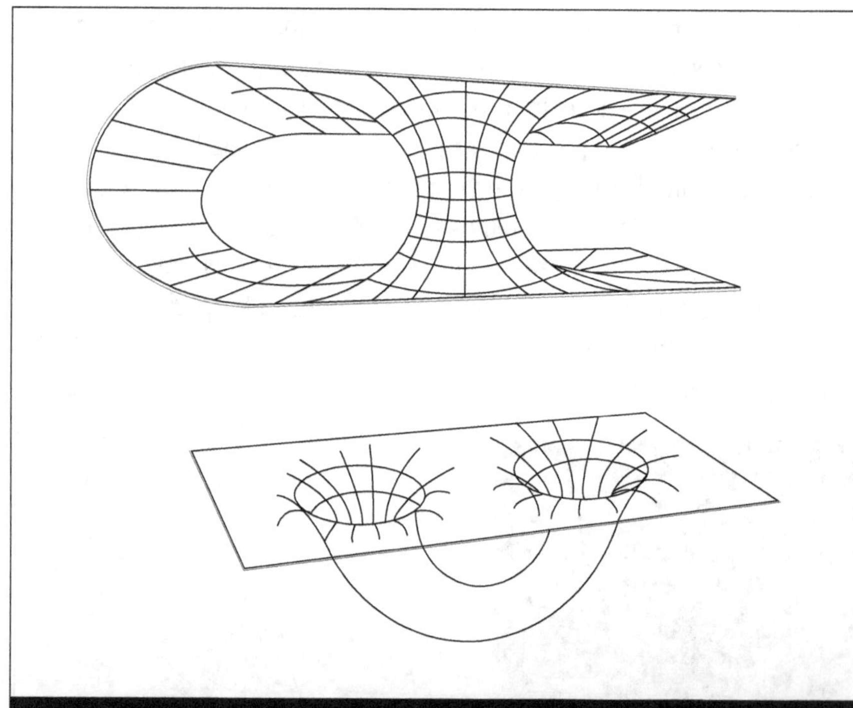

Figura 37. Dos posibles formas del espacio-tiempo alrededor de un hoyo negro.

ambas son equivalentes, y se llaman también agujero de gusano. En este caso la interpretación es que el hoyo negro (y el blanco en el otro extremo) conecta dos regiones del mismo Universo. Además, debido a que se trabaja con el espacio-tiempo, resulta que esta conexión puede llevarse a cabo en diferentes tiempos, es decir que podemos aparecer en otra región del espacio en el futuro o en el pasado.

Todo esto da pie a diversas especulaciones, como la de que un hoyo negro es una especie de máquina del tiempo, y la de que mediante los hoyos negros queda rebasada la frustrante limitación que nos imponía la velocidad de la luz respecto a los viajes. Hay que recordar que se trata de soluciones matemáticamente admisibles pero eso no significa que las cosas sean realmente así: hasta la fecha no hay ninguna evidencia de la existencia de hoyos blancos, por ejemplo. Pero de todas maneras, aun en el caso de que la materia que cae en un hoyo negro realmente aparezca a través de un hoyo blanco en otro Universo o en otra región y tiempo del nuestro, sabemos que al acercarnos a un hoyo negro las fuerzas de marea nos destrozarían y llegaríamos al "nuevo mundo" quién sabe en qué estado. De cualquier manera, algunos científicos siguen explorando estas posibilidades tanto matemática como físicamente: hay aún muchas cosas que no conocemos, y en un futuro... pueden ocurrir muchas cosas.

Volvamos ahora a poner los pies en la Tierra. Las enanas blancas y las estrellas de neutrones han sido detectadas por los astrónomos, se conocen varios ejemplos de ellas, pero de los hoyos negros no se tiene aún la certeza de que existan. Sin embargo, los cálculos señalan que en el interior de una estrella muy masiva sí se dan las fuerzas necesarias para producir un hoyo negro. Hay algunos objetos que podrían ser hoyos negros, pero esto no se ha comprobado todavía a plenitud, aunque para muchos astrónomos la existencia de los hoyos negros es ya un hecho. Veamos algo de lo que se sabe al respecto. Mediante la evolución estelar es posible que se produzcan hoyos negros de unas cuantas masas solares. Sin embargo, los astrónomos han detectado la posibilidad de que existan también otro tipo de hoyos negros de diferente origen. Éste podría ser el caso de los que presumiblemente se encuentran en el centro de algunas galaxias y de los cuasares; sus masas serían de millones de veces la masa del Sol, por lo que se les ha llamado hoyos negros supermasivos.

La dificultad de observar un hoyo negro radica en que el campo gravitacional del mismo es tan intenso que no deja escapar ni siquiera la luz. No obstante, es posible detectarlos mediante los efectos que su campo gravitacional produce sobre lo que esté a su alcance. Afortunadamente, un poco más de la mitad de las estrellas que hemos observado son múltiples (la mayoría de estas, binarias), es decir que son dos o más estrellas, una girando alrededor de la otra. Decimos afortunadamente, porque entonces es alta la probabilidad de que exista un sistema binario en el que una de las estrellas haya evolucionado en un hoyo negro. Esto facilita la detección del hoyo negro mediante los efectos que le causa a su compañera.

Estos efectos tienen mucho que ver con las fuerzas de marea que sufre un objeto que "osa" acercarse a un hoyo negro. Como vimos en su momento, estas fuerzas tienden a producir lo que llamamos estiramientos longitudinales y apachurramientos trans-versales, y estas fuerzas pueden llegar a ser tan intensas que son capaces de romper en pedazos un cuerpo. Todo esto lo describíamos refiriéndonos al campo de gravedad producido por objetos "normales" como la Luna, la Tierra, Júpiter, etcétera, ¿se imagina ahora el lector los efectos que pueden causar las fuerzas de marea alrededor de un hoyo negro? (véase la figura 38).

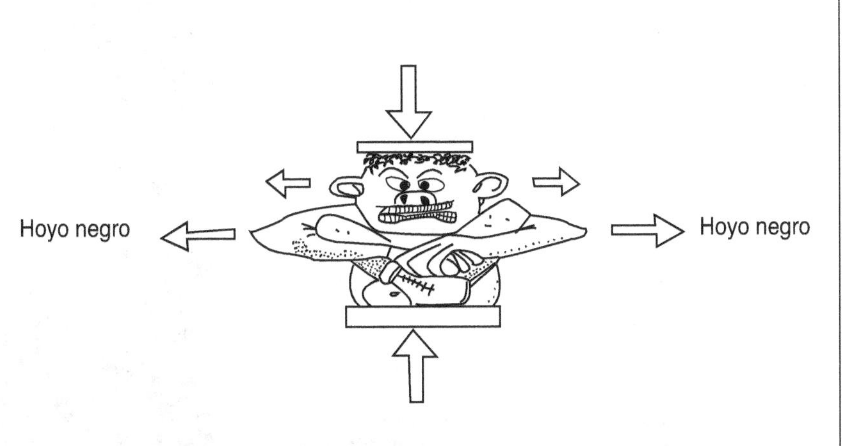

Figura 38. Efectos que sentiríamos al acercarnos a un hoyo negro debidos a las fuerzas de gravedad.

Así pues, cuando en un sistema binario una de las estrellas se ha convertido en un hoyo negro, éste absorbe continuamente parte del gas de su compañera. Este gas experimenta enormes aceleraciones al "caer" en espiral hacia el hoyo negro formando lo que se conoce como disco de acreción. Además las fuerzas de marea provocan que la fricción de las diferentes capas al entrar en contacto entre sí, produzcan un enorme calentamiento que hace que el gas emita radiación, específicamente rayos X (véase la figura 39).

Los astrónomos tienen ubicadas varias fuentes de rayos X en el Universo. Por sus características, es posible que algunas de ellas sean hoyos negros pertenecientes a sistemas binarios. Además, algunas galaxias y muchos cuasares también emiten rayos X, y por la cantidad detectada, y en general por la energía producida por estos objetos, se sospecha que en su núcleo haya un hoyo negro supermasivo, que causa estragos sobre la materia que lo rodea, en este caso gas y polvo

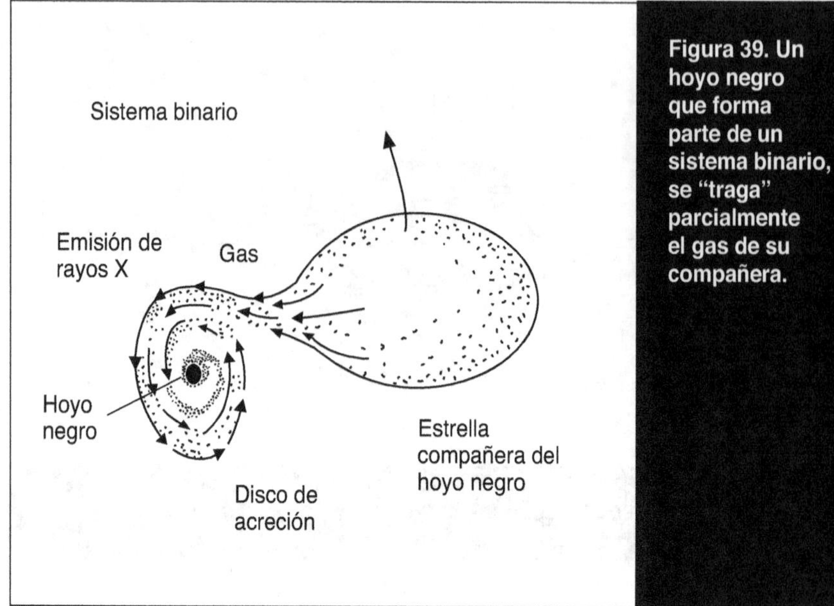

Figura 39. Un hoyo negro que forma parte de un sistema binario, se "traga" parcialmente el gas de su compañera.

que abunda en los centros de las galaxias y los cuasares. La dificultad de saber con certeza si hay o no hoyos negros radica en que la mera detección de rayos X no basta: es necesario determinar otros factores dinámicos que en general requieren demasiada precisión. Sin embargo, la evidencia se va acumulando día con día al mismo tiempo que se va forta-leciendo la idea de que realmente existen los hoyos negros, tanto los producidos por evolución estelar como los supermasivos en el centro de las galaxias y cuasares. Incluso, las observaciones del centro de la Vía Láctea indican que es muy probable que nuestra galaxia tenga un hoyo negro supermasivo en su núcleo, causante de los fenómenos de alta energía observados a su alrededor. A este respecto sólo falta decir que, aunque como ya vimos se tiene bastante claro el origen de los hoyos negros mediante la evolución estelar, poco se sabe aún de las causas que dieron lugar a la for-mación de los hoyos negros supermasivos.

Las ondas gravitacionales

Otra de las predicciones importantes de la relatividad general es la existencia de las llamadas ondas gravitacionales o radiación gravitacional. Una onda gravitacional es una perturbación en la geometría del espacio-tiempo que se propaga en todas direcciones. Esta perturbación puede ser producida, por ejemplo, por un objeto en movimiento, ya que al estar en reposo, por tener masa crea una curvatura en el espacio que lo rodea, pero al cambiar de posición, esta curvatura se transforma. En principio cualquier cuerpo masivo en movimiento produce ondas gravitacionales. Pensemos en un cuerpo de masa M que está vibrando con cierta frecuencia; si nos encontramos a cierta distancia de él, sentimos un campo gravitacional variable debido a que su posición cambia continuamente, y ese campo variable hace que nosotros también vibremos. Desde el punto de vista de la relatividad general, el cuerpo vibrando produce una curvatura en el espacio, que es variable con el tiempo; es como si se produjeran olas en el espacio que avanzan con cierta velocidad. Al pasar la "ola" por donde nos encontramos nosotros sentimos el paso de esa onda gravitacional.

Las ecuaciones de Einstein predicen la existencia de estas ondas gravitacionales que, según los cálculos, se mueven a la velocidad de la luz. Sin embargo, la intensidad de estas ondas predicha por la teoría es en la mayoría de los casos muy pequeña, por lo que hasta la fecha no se han podido detectar. En la década de los sesenta, el físico estadounidense J. Weber anunció que las había detectado, pero sus resultados nunca se han podido volver a obtener.

Se han perfeccionado día con día los detectores de ondas gravitacionales, pero hasta la fecha, los resultados han sido negativos. Sin embargo los científicos siguen intentando observar la radiación gravitacional.

Hay varios fenómenos astronómicos que se piensa que deben producir cantidades considerables de ondas gravitacionales, como por ejemplo la explosión de una supernova, los efectos de un hoyo negro supermasivo en el núcleo de una galaxia o un cuasar, las estrellas binarias, estrellas vibrantes, y las estrellas que rotan rápidamente como los pulsores.

Recientemente se obtuvo un resultado que se considera una prueba indirecta de la existencia de las ondas gravitacionales y por lo tanto otra demostración de la validez de la relatividad general: observando un pulsor binario (dos estrellas de neutrones que giran una alrededor de la otra con una velocidad impresionante), se logró medir que al pasar el tiempo el periodo de rotación disminuyó. Esta disminución es pequeñísima, pero los cálculos confirman que esta pérdida de energía coincide con la energía emitida en forma de ondas gravitacionales por el sistema binario.

Este resultado es muy valioso, pero lo que hoy más interesa a los científicos al respecto es la detección directa de las ondas gravitacionales, por lo que se trabaja arduamente en el diseño de detectores cada vez más sensibles.

Por otro lado, la existencia de las ondas gravitacionales está relacionada con el concepto de acción a distancia, que es uno de los defectos importantes de la ley de gravitación universal de Newton. Según esta ley, cualquier cambio en una fuente de campo gravitacional se siente en todas partes instantáneamente, es decir que hay una acción a distancia. Por ejemplo, si llegara un gigante cósmico (puestos a imaginar supongamos que el gigante no tiene masa para que no afecte gravitacionalmente a su alrededor) y de pronto quitara al Sol de su lugar, en la Tierra, según la teoría de

Newton, sentiríamos el efecto instantáneamente y a partir de ese momento la Tierra y los demás planetas se saldrían por la tangente de sus órbitas, es decir se moverían en línea recta y quedarían a la deriva en el espacio. Pero según la relatividad general, seguiríamos sintiendo la gravedad del Sol durante unos ocho minutos, que es el tiempo que tardan las ondas gravitacionales (y las ondas de luz) en llegar del Sol a la Tierra. Es decir que con la relatividad no existe la influencia instantánea o acción a distancia.

La detección de las ondas gravitacionales es una meta importante para los físicos y para los astrónomos, porque abriría una puerta para obtener información acerca del Universo. Hasta hoy, todo lo que sabemos del Universo se ha obtenido a través de la luz y, en general, de la radiación electromagnética proveniente de los diferentes objetos que lo forman, así como de los rayos cósmicos. La detección y análisis de las ondas gravitacionales, que muchos científicos piensan que deben estar por todas partes, representaría un avance extraordinario. ¡Y se acaban de detectar en 2020!

Cosmología

La cosmología es el estudio del Universo como un todo a través de las leyes de la física. Los objetivos centrales de la cosmología son el estudio del origen, constitución, forma y destino del Universo. Desde que el hombre es hombre ha formulado teorías cosmológicas, que han ido cambiando a medida que se conocen nuevas leyes de la naturaleza y cambian las creencias religiosas. La cosmología ha cambiado notablemente en el siglo XX en gran medida a causa de la teoría de la relatividad. Intentaremos ahora explicar algunas de las ideas principales de la cosmología relativista.

Uno de los descubrimientos más importantes de la cosmología de todos los tiempos es la expansión del Universo. En los años veinte, Hubble descubrió mediante numerosas observaciones que todas las galaxias presentaban un corrimiento hacia el rojo, y se dio cuenta de que este corrimiento era tanto mayor cuanto más lejos estaba la galaxia. Sabiendo que el corrimiento al rojo se debe al efecto Doppler, concluyó que las galaxias se alejan de nosotros y las más lejanas se alejan más rápido. En pocas palabras concluyó que el Universo está en expansión.

Con base en esto, no es difícil concluir que si las galaxias se alejan unas de otras, antes estaban todas más juntas, y si retrocede-mos el tiempo llegamos a un momento en el que toda la materia del Universo estaba junta. Calculando hace cuánto tiempo pudo haber ocurrido, se encuentra lo que llamamos la edad del Universo. A partir de lo anterior, surgió la teoría de la Gran Explosión (*Big Bang*) que afirma que el Universo se creó en una explosión gigantesca a partir de la cual la materia evolucionó hasta tener la forma actual. La expansión del Universo es una consecuencia natural de esta teoría sobre el origen del Universo.

Actualmente los científicos aceptan en general la teoría de la Gran Explosión y la expansión del Universo, aunque los modelos propuestos difieren en muchos de los detalles. Además, en todos estos modelos cosmológicos quedan aún muchos cabos sueltos, por lo que al avanzar los conocimientos en diferentes áreas de la física, unos se van perfeccionando y otros se van desechando. Pero aquí vamos a tratar solamente algunos aspectos de la cosmología relacionados con la relatividad general.

Cuando Einstein logró crear la relatividad, de inmediato comenzó a aplicarla en diversos ámbitos, y la cosmología no fue la excepción.

Aplicando su teoría al Universo como un todo descubrió asombrado que la relatividad predecía un Universo en expansión. En esos años a Einstein le pareció extraño y modificó sus ecuaciones para que se ajustaran a la concepción del Universo estático. Años más tarde, cuando Hubble descubrió la expansión del Universo, Einstein dijo que haber modificado sus ecuaciones había sido el mayor error de su vida. Puede afirmarse que la relatividad predijo la expansión del Universo.

Aplicando la relatividad general al Universo como un todo, tomando en cuenta ya la expansión, la teoría predice varias posibilidades en cuanto a la forma y destino del Universo. Estas posibilidades quedan sintetizadas como sigue: primero, el Universo es cerrado y finito, en cuyo caso la expansión se detendrá y comenzará una contracción que concentrará todo en una gran implosión, después de la cual, quién sabe, quizá todo se repita de nuevo cíclicamente; y segunda, el Universo es abierto e infinito y en este caso la expansión no cesará nunca.

Que el Universo corresponda a uno de estos dos modelos de-pende únicamente, según la relatividad, de su densidad promedio; si ésta es mayor a un cierto valor crítico, la gravedad logrará frenar la expansión; la curvatura del Universo es en este caso positiva, lo cual significa que es cerrado y finito. Pero si la densidad promedio es menor que el valor crítico, la gravedad no será suficiente para frenar la expansión; la curvatura es entonces negativa, lo que implica que el Universo es abierto e infinito. Hay una tercera posibilidad: que la densidad del Universo sea exactamente la densidad crítica; en este caso el Universo sería plano (curvatura cero) y sería también abierto e infinito, es decir, la expansión tampoco se detendría.

Así pues, es importante medir la densidad del Universo. Según las observaciones astronómicas disponibles hasta hoy la densidad es bastante menor que la densidad crítica, pero los astrónomos consideran que hay mucha materia oscura de diversos tipos que aún no se ha detectado, con lo que la densidad del Universo aumentaría considerablemente. Así que por lo pronto no es posible saber con certeza en qué tipo de Universo vivimos, si es finito o infinito, si va a dejar de expandirse, etcétera.

A continuación explicaremos un poco más algunos detalles de lo que significa geométricamente que el Universo sea cerrado o abierto, que tenga curvatura positiva o negativa. Para ello recurriremos de nuevo a modelos bidimensionales, que aclaran un poco la situación.

El modelo cerrado y finito corresponde en dos dimensiones a una superficie esférica. Imagine unos seres que están condenados a vivir en esta superficie; su Universo es finito ya que su extensión (en este caso su área) es finita; sin embargo, no tiene límites. Estos seres pueden caminar en cualquier dirección y nunca encontrarán bordes. La esfera es una superficie de curvatura positiva. Nuestro mundo real dentro del modelo cerrado de la relatividad general, sería una hiperesfera, que es un objeto geométrico tridimensional con propiedades parecidas a las de la esfera. Sería de volumen finito, y si caminamos en una misma dirección terminaríamos regresando al punto de partida. Nunca encontraríamos un borde, un lugar donde diga "termina el Universo, comienza la nada". La curvatura de este objeto geométrico es positiva.

El modelo abierto e infinito tiene su análogo bidimensional en una superficie en forma de silla de montar. Su curvatura es negativa y su extensión es infinita. El caso intermedio es el del Universo plano, cuyo análogo bidimensional es un plano, de curvatura cero y extensión infinita. En el diagrama siguiente se representa gráficamente esta información (véase la figura 40).

Debe quedar claro que estos modelos, aunque importantes, están

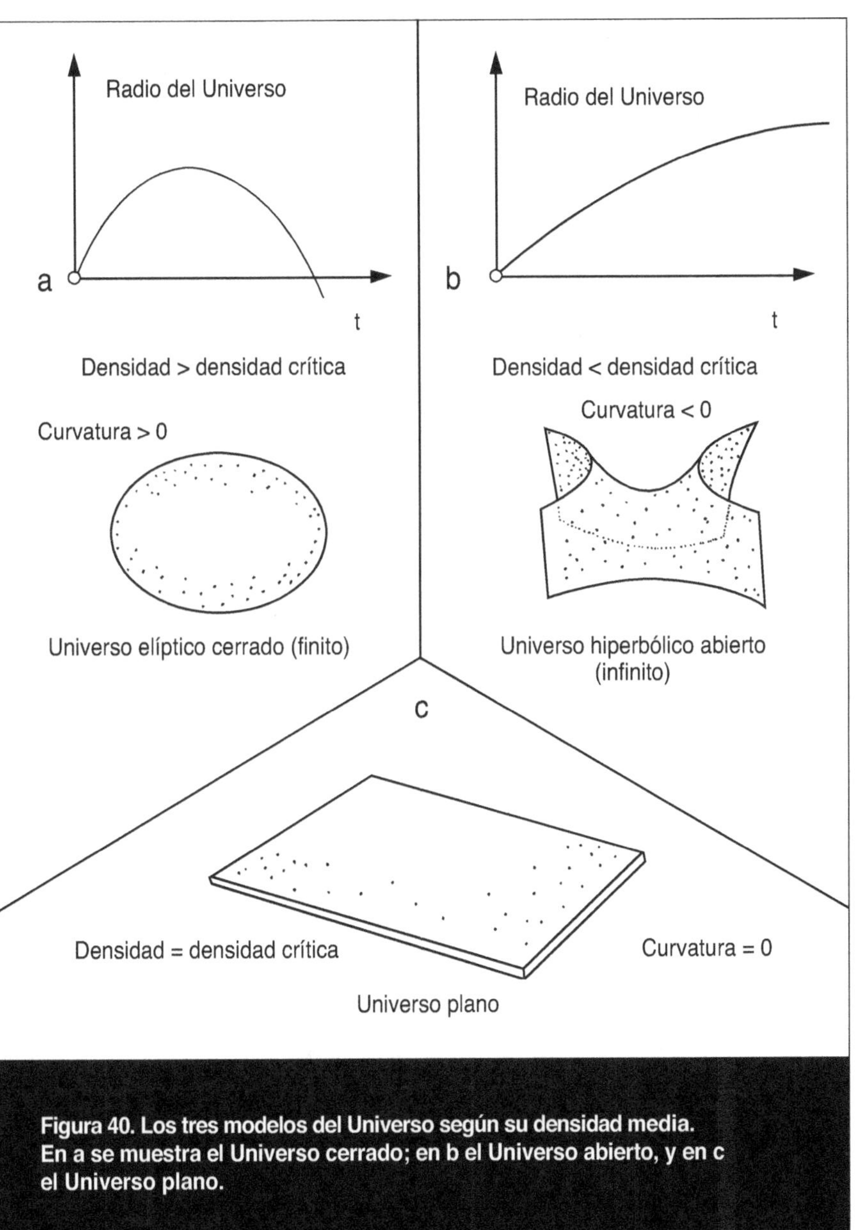

Figura 40. Los tres modelos del Universo según su densidad media. En a se muestra el Universo cerrado; en b el Universo abierto, y en c el Universo plano.

muy simplificados. Actualmente en cosmología se toman en cuenta muchos otros factores que hacen las cosas más complejas. De cualquier manera, la relatividad sigue desempeñando un papel fundamental en esta ciencia en continuo cambio que es la cosmología.

Otras manzanas

Nos guste o no, el mundo en que vivimos ha cambiado mucho
en el último siglo, y probablemente cambiará aún más
en los próximos 100 años.

STEPHEN HAWKING

Después de que Einstein estableció la teoría de la relatividad general, han surgido varias teorías alternativas que intentan explicar también el fenómeno gravitatorio. La mayoría de dichas teorías están inspiradas por la de Einstein aunque incorporan algunos aspectos diferentes, por lo que sus conclusiones y predicciones son ligeramente distintas que las de la relatividad general. Sin embargo, los experimentos que se han hecho hasta ahora le han dado la razón a la teoría de la relatividad, o bien no son lo suficientemente precisos todavía como para decidir cuál de las teorías contendientes es más correcta.

La existencia de estas teorías ha sido importante porque han motivado diversas ideas y líneas de investigación que han desembocado en el fortalecimiento de la física y de la relatividad general en particular. Entre estas teorías de la gravitación destacan la de Brans y Dicke, así como la de Birkhoof.

Carl Brans y Robert Dicke, físicos estadounidenses, propusieron su teoría en la década de los sesenta, y desde entonces la han desarrollado ellos y otros científicos. Su estructura matemática y los postulados físicos de los que parte son muy similares a los de la teoría de Einstein, incorporando la idea propuesta por Ernst Mach a principios de siglo de que las propiedades inerciales de la materia se deben a la distribución de masa de todo el Universo. Brans y Dicke tomaron esta idea en cuenta introduciendo en las ecuaciones de Einstein un campo escalar que representa la interacción de un cuerpo con el resto del Universo. Esta teoría ha sido una de las más importantes competidoras de la relatividad general.

La teoría de Birkhoof fue propuesta por el matemático estadounidense G. Birkhoof en los años 40, y fue desarrollada principalmente por un grupo de científicos mexicanos entre los que destacan los doctores Carlos Graef Fernández y Alberto Barajas Celis. La estructura matemática de esta teoría es más sencilla que la de Einstein y algunos de sus postulados físicos son diferentes. Al igual que la de Brans y Dicke, la teoría de Birkhoof ha sido una digna competidora de la relatividad general y hoy en día todavía es utilizada por algunos científicos. Cuando Einstein se enteró de las investigaciones del doctor Graef, se mostró muy interesado y lo invitó a Princeton para discutir algunos aspectos de esta teoría. Veamos cómo el propio doctor Graef describe el final de su encuentro con uno de los grandes científicos de todos los tiempos:

—*Ah, Graef —dijo Einstein—, el fotón, aunque es una partícula, no es como una piedra que puede lanzarse por la ventana. Hay una gran diferencia entre mis fotones y las partículas de Newton.*

Al instante yo repliqué:

—*Profesor Einstein, el fluido de Birkhoof, aunque es un líquido, no puede beberse como una Coca-Cola. Hay una enorme diferencia entre el fluido perfecto de Birkhoof y un líquido común y corriente.*

En ese momento me di cuenta de que nuestros puntos de vista eran irreconciliables. Einstein se levantó y cariñosamente me dio una palmada en el hombro:

—*Graef —dijo amigablemente— es usted un rebelde innato. Le deseo mucha suerte. Adiós.*

Y nos estrechamos la mano firmemente.

La gran unificación

A los físicos les gusta explicar los fenómenos naturales con el menor número de elementos posible, es decir, de la manera más sencilla que esté a su alcance; en este afán simplificador, las investigaciones han llevado a agrupar las fuerzas de la naturaleza en varios tipos, y estas clases de fuerzas se han ido reduciendo en número con el avance de las investigaciones.

Esto se debe que al indagar en la naturaleza, los científicos descubren relaciones que les permiten encontrar similitudes profundas entre diversos fenómenos que hacen posible clasificarlos en grupos cada vez más reducidos. A esto se le ha llamado unificar, y precisamente varias líneas de investigación actuales en física intentan unificar ciertas leyes de la física, es decir, encontrar nuevas leyes que incluyan a las actuales, o aún más, en encontrar una ley de la que se desprendan las demás.

Históricamente la primera unificación importante en este sentido la hizo Newton; antes de su época se pensaba que los fenómenos del cielo (los movimientos de los astros), no tenían nada que ver con los terrestres; de hecho la concepción filosófica imperante era que lo celeste era la perfección y lo terrestre era imperfecto. Newton descubrió que las leyes que gobiernan el movimiento de los astros son las mismas que gobiernan el movimiento de los cuerpos en la Tierra. Por ejemplo, una manzana al caer y la Luna al dar vueltas alrededor de la Tierra están regidas por las mismas leyes físicas. Otro ejemplo de unificación de gran trascendencia ocurrió durante el siglo pasado cuando mediante el trabajo de varios científicos, entre otros Oerstedt, Ampère, Faraday y Maxwell, se descubrió que los fenómenos eléctricos y magnéticos están íntimamente relacionados entre sí, lo que dio origen a la teoría electromagnética (o simplemente electromagnetismo).

Después de muchos esfuerzos como éstos, los físicos llegaron a la conclusión de que todas las fuerzas de la naturaleza conocidas hasta el momento pueden explicarse mediante cuatro fuerzas o interacciones fundamentales, que son: la interacción nuclear fuerte, la interacción nuclear débil, la interacción elec-tromagnética y la interacción gravitacional (véase cuadro 1).

En décadas recientes se ha logrado una nueva unificación entre la fuerza nuclear débil y la electromagnética, que dio origen a lo que se conoce como fuerza o interacción electrodébil. De esta manera puede decirse que en la naturaleza existen tres tipos de fuerzas o interacciones fundamentales: la nuclear fuerte (o simplemente nuclear), la electrodébil (que da lugar tanto a la electromagnética como a la nuclear débil) y la gravitacional.

Actualmente existen varios modelos en los que se unifican la

Cuadro 1. Las cuatro fuerzas fundamentales y su ámbito de intensidad.	Fuerza fundamental	Intensidad relativa
	Nuclear fuerte	10^{-40} m
	Electromagnética	10^{-38} m
	Nuclear débil	10^{-27} m
	Gravitacional	1

fuerza nuclear y la electrodébil. Sin embargo, estas fuerzas no se consideran aún unificadas porque ninguna de estas teorías es lo suficientemente completa, además de que faltaría que se probaran experimentalmente.

Se les conoce generalmente como GUTs, que son las siglas en inglés de Teorías de Gran Unificación. Hay muchísimo trabajo en este campo, tanto en lo teórico como en lo experimental, y sin duda una de estas teorías, o alguna nueva, pronto triunfará.

Los problemas graves comienzan cuando se intenta unificar la fuerza de gravedad con las demás. Einstein dedicó muchos años de su vida a la unificación de la fuerza de gravedad con la electro-magnética, y aunque obtuvo resultados interesantes, útiles en otros campos, su intento unificador fracasó. Todos los intentos posteriores hasta la fecha puede decirse que también han fracasado. Hay varios intentos por hacer lo que se llama la teoría del todo, es decir una teoría que unifique a todas las fuerzas, pero además de incompletos resultan tremendamente complicados, lo cual no es satisfactorio.

La unificación debe incluir a la mecánica cuántica, que es la teoría que explica los fenómenos del mundo microscópico. En mecánica cuántica, una fuerza entre dos partículas se entiende a través del intercambio de otra partícula que es el mensajero de la fuerza. De esta manera, las partículas mensajeras de la fuerza electromagnética son los fotones, de la fuerza nuclear fuerte son los gluones, de la nuclear débil son las partículas Z_0, W^+ y W^- y de la fuerza de gravedad son los gravitones.

La fuerza de gravedad ha sido a este respecto muy "rebelde" porque se resiste a la unificación. Por un lado, los gravitones, es decir las partículas mensajeras de la fuerza de gravedad, no han sido detectados, y por el otro, tal vez mucho más importante, no ha sido posible cuantizar la relatividad general. Esto significa que la relatividad no se ha podido hacer compatible satisfactoriamente con la mecánica cuántica, lo que representa un serio problema para la unificación.

El electromagnetismo fue relativamente fácil cuantizarlo y hoy en día existe su versión cuántica llamada electrodinámica cuántica que es una teoría completa, totalmente aceptada y demostrada experimentalmente que ha sido de gran utilidad. Pero la relatividad general, es decir, la fuerza de gravedad, no se ha dejado cuantizar.

Entre los intentos que se han hecho, o mejor dicho se están haciendo, por unificar a todas las fuerzas de la naturaleza mencionaremos la teoría de supergravedad, en la que se trabaja en un espacio de 11 dimensiones, y la de supercuerdas, en la que se visualiza a las partículas como pequeñas cuerdas o segmentos de línea en un espacio de varias dimensiones. Quizás estos intentos u otros radicalmente diferentes que se hagan en el futuro logren "domesticar" a la fuerza de gravedad, o quizás haya que hacer otra teoría de la gravitación, o...

Glosario

Acelerador de partículas. Dispositivo para acelerar partículas cargadas eléctricamente como electrones, protones, partículas alfa, etcétera, aumentando su energía cinética. Para lograr el aumento de velocidad, se utilizan campos electromagnéticos que impulsan a las partículas. Un ejem-plo de acelerador de partículas es el generador electrostático de Van de Graaff en el que la aceleración se produce mediante una diferencia de potencial muy elevada. En otros aceleradores, el cambio de energía cinética se produce en etapas sucesivas en cada una de las cuales se utilizan diferencias de potencial menores. En estos aceleradores las partículas pueden alcanzar velocidades muy altas, cercanas a la velocidad de la luz. Estos aceleradores pueden ser lineales como el famoso acelerador lineal de Stanford en los Estados Unidos, que mide más de dos kilómetros de largo, o cíclicos como el llamado Fermilab, también en los Estados Unidos, o el del Centro Europeo de Investigación Nuclear (CERN) en la frontera franco-suiza, ambos con varios kilómetros de diámetro.

Los aceleradores cíclicos pueden ser de varios tipos según los mecanismos utilizados para la aceleración de las partículas y según las cantidades de energía que son capaces de desarrollar; así tenemos aceleradores como el ciclotrón, sincrotrón, sincrociclotrón, betatrón y bevatrón.

Campo de gravedad. Región que rodea a una masa o conjunto de masas. El campo de gravedad se manifiesta cuando otra masa (llamada de prueba) se encuentra en un punto cualquiera y por estar dentro del campo, siente una fuerza de gravedad que depende de la posición del punto. La fuerza está dada por el producto de la intensidad del campo de gravedad y la masa del cuerpo de prueba.

Cuasar. La palabra cuasar viene de *quasistellar object* (objeto cuasiestelar). Se les dio este nombre porque cuando se observaron los primeros objetos astronómicos de este tipo parecían estrellas, pero tenían características diferentes. Hoy sabemos que los cuasares realmente no son estrellas; son objetos muy lejanos que emiten muchísima energía y que aunque no son muy grandes de tamaño tienen masas de varios millones de estrellas. Son los objetos más lejanos que conocemos en el Universo; se piensa que al evolucionar los cuasares se convierten en galaxias. Tienen en promedio un tamaño parecido al del Sistema Solar, pero emiten tanta energía como lo hacen cientos de galaxias juntas. Algunos astrónomos piensan que los cuasares poseen en su centro un gigantesco hoyo negro que hace posible la emisión de tanta energía.

Cúmulo galáctico. Grupo de galaxias que están unidas mediante su fuerza de gravedad mutua. La mayor parte de las galaxias observadas tienden a agruparse formando cúmulos. Hay cúmulos con muchísimas galaxias como el cúmulo de Virgo y otros con apenas unas decenas de galaxias como el llamado Grupo Local al que pertenece nuestra galaxia: la Vía Láctea.

Efecto fotoeléctrico. Emisión de electrones por una sustancia al ser irradiada con luz de cierta frecuencia. A los electrones producidos así se les conoce como fotoelectrones y constituyen una corriente fotoeléctrica cuando el sistema se conecta adecuadamente a un circuito.

Electrodinámica. Es el estudio de las relaciones entre las fuerzas eléctricas y magnéticas, sus causas y sus efectos.

Electrodinámica cuántica. Es el estudio del electrón y sus interacciones con el campo electromagnético desde el punto de vista de la mecánica cuántica y de la teoría especial de la relatividad.

Energía cinética. Es la energía que tiene un cuerpo debida a su movimiento. Depende de la masa del cuerpo y de su velocidad.

Éter. A mediados del siglo pasado se pensaba que para que las ondas luminosas pudieran propagarse tenía que haber un medio en que lo hicieran y se sugirió una sustancia hipotética: el éter, que supuestamente llenaba todo el Universo y en ella se propagaban las ondas luminosas. Con los descubrimientos de Maxwell de que la luz es una onda electromagnética que puede viajar en el vacío y después con las ideas de Einstein acerca de la luz, se desechó la idea de la existencia del éter.

Estados de agregación de la materia. Los estados físicos o estados de agregación de la materia son sólido, líquido y gaseoso. El que una sustancia se encuentre en uno de estos estados físicos depende del valor relativo entre la energía cinética de las moléculas que la forman y la energía potencial debida a las fuerzas intermoleculares que pueden ser de atracción o repulsión. Si la energía potencial es superior a la cinética se tiene el estado sólido, si son semejantes la sustancia está en estado líquido y si la cinética es superior a la potencial, se encontrará en estado gaseoso.

Evolución estelar. Proceso mediante el cual una estrella evoluciona desde su nacimiento a partir de una nube de gas hasta su muerte, que puede ser de diferentes maneras dependiendo de la masa inicial de la estrella. La mayor parte de la vida de una estrella transcurre en etapas estables, y es hacia el final de su vida donde se manifiestan más notablemente los efectos de su evolución.

Fisión nuclear. Reacción nuclear que consiste en la separación de un núcleo atómico pesado en dos partes (otros dos núcleos atómicos más ligeros), con la liberación de una gran cantidad de energía.

Al bombardear núcleos pesados (por ejemplo, el de uranio 235) con neutrones, el choque de éstos hace que el núcleo se separe (se fisione) en dos partes. Con esto resulta además una liberación de energía que es la energía que ligaba a una de estas partes con la otra. Además de la fisión nuclear salen también otros neutrones que pueden ir a fisionar núcleos vecinos, con lo que puede iniciarse lo que se conoce como una reacción en cadena.

La energía liberada, resulta de que la masa del núcleo inicial es mayor que la suma de las masas de los productos de la fisión; la masa "faltante" se convierte en energía mediante la fórmula de Einstein: $E = mc^2$

Frecuencia. Es el número de veces que se repite un fenómeno periódico por la unidad de tiempo. Si un cuerpo oscila se habla de su frecuencia de oscilación, es decir del número de oscilaciones completas que hace en un segundo; si un cuerpo gira, se habla de su frecuencia de rotación, o sea el número de vueltas que da en un segundo; si un cuerpo vibra, se habla de su frecuencia de vibración, es decir del número de vibraciones por segundo. En el caso de los fenómenos ondulatorios, la frecuencia es el número de ondas que pasan por segundo.

La unidad en la que se mide la frecuencia se llama hertz (Hz) y se calcula como ciclos entre segundo, es decir número de veces por segundo que ocurre algún fenómeno: 1 Hz = 1/s.

Fricción. La fricción es una fuerza que se opone al movimiento de un cuerpo. La fricción surge cuando un cuerpo se desliza sobre otro o cuando un cuerpo se mueve dentro de un fluido. En el primer caso se le llama fricción de rozamiento o fricción seca y en el segundo fricción aerodinámica o fricción viscosa.

Fuerza electromagnética. Desde que se comprobó que los fenómenos eléctricos y los magnéticos están íntimamente relacionados entre sí, se habla del electromagnetismo como una sola cosa. En ocasiones es conveniente separarla en electricidad y magnetismo, pero esencialmente ambos fenó-menos se deben a la existencia de la carga eléctrica, ya sea en reposo o en movimiento. La fuerza electromagnética es una de las cuatro fuerzas fundamentales de la naturaleza, que gobierna fenómenos muy variados que van desde la estructura de la materia hasta la producción de energía eléctrica para el uso industrial y doméstico.

Si una carga eléctrica en movimiento está en presencia tanto de un campo eléctrico como de un campo magnético, sentirá por un lado una fuerza eléctrica, ya que una carga eléctrica "siente" los campos eléctricos, y por el otro una fuerza magnética porque una carga eléctrica en movimiento "siente" los campos magnéticos. La fuerza total que siente la partícula será la suma de la fuerza eléctrica más la fuerza magnética llamada fuerza de Lorentz.

Fuerzas de cohesión. Fuerzas que mantienen unidas a las moléculas.

Fusión nuclear. Reacción nuclear en la que se unen (fusionan) dos núcleos ligeros para dar lugar a uno más pesado con la liberación de energía.

Para lograr la fusión nuclear hacen falta temperaturas muy altas para hacer que los núcleos tengan la suficiente energía cinética para vencer la fuerza de repulsión que sienten por estar cargados positivamente. Una vez lograda la fusión, se produce una gran cantidad de energía debido a que la masa de los núcleos originales es mayor que la masa del núcleo resultante después de la fusión y ese déficit de masa se convirtió en energía mediante la fórmula: $E = mc^2$.

La fusión de núcleos de hidrógeno para formar helio es el mecanismo fundamental mediante el cual el Sol produce su energía. Gran parte de las estrellas hacen lo mismo mientras que otras producen su energía mediante otras reacciones de fusión como la de dos núcleos de helio para dar carbono.

Galaxia. En el universo las estrellas están agrupadas en grandes grupos unidos gravitacionalmente llamados galaxias.

Sabemos de la existencia de cerca de mil millones de galaxias en el Universo, cada una de ellas formada por unos cien mil millones de es-trellas en promedio. En las galaxias además de estrellas hay material interestelar. La mayoría de las galaxias tienen forma espiral, elíptica e irregular. La galaxia en que vivimos se llama Vía Láctea, es espiral y su disco principal mide cerca de cien mil años luz de diámetro. Nuestro Sistema Solar se encuentra muy cerca del plano principal de la galaxia a unos treinta mil años luz de distancia del centro, en uno de los brazos de la Vía Láctea.

Gluón. Es la partícula portadora de la fuerza o interacción nuclear fuerte. Desempeña un papel en esta interacción nuclear fuerte similar al que el fotón desempeña en la interacción electromagnética.

Mecánica cuántica. Después de grandes triunfos de la mecánica de Newton, los científicos empezaron a descubrir algunos fenómenos del micromundo en los que no parecían ser válidos los resultados de esta poderosa teoría. Poco a poco fueron confirmando estos hechos y tuvieron que crear una nueva mecánica que rige los fenómenos del micromundo. Esta mecánica es la llamada mecánica cuántica. Con esta nueva teoría, cuyos primeros conceptos nacieron con el siglo, se explican fenómenos tan importantes como la estructura de la materia, la relación entre la materia y la radiación, las reacciones nucleares, entre otros.

La mecánica cuántica nació con la idea de Planck de que la radiación electromagnética está formada por pequeños paquetes de energía llamados cuantos. Esta idea fue utilizada con éxito por Einstein para explicar el efecto fotoeléctrico. Poco después Bohr estableció su modelo atómico basado en que las órbitas de los electrones estaban cuantizadas, es decir escalonadas, y con este modelo se explicaron aspectos muy importantes que no se entendían del espectro del átomo de hidrógeno. El siguiente postulado fundamental surgió posteriormente cuando Louis de Broglie aseguró que las partículas al igual que la luz tienen características tanto ondulatorias como de partículas. Con este principio de dualidad onda-partícula surge lo que se llama la mecánica ondulatoria, que es un fundamento más sólido de todas las ideas cuánticas. En el centro de esta mecánica ondulatoria está la ecuación de Schröedinger, que describe el comportamiento de los sistemas cuánticos. Posteriormente este panorama se vio complementado con generalizaciones de la ecuación de Schröedinger, como la ecuación de Dirac con la que se predijo acer-tadamente la existencia del positrón, y surgieron dos principios que for-man también parte de los fundamentos de la mecánica cuántica: se trata del principio de incertidumbre de Heisenberg y del principio de exclusión de Pauli.

Mecánica estadística. Cuando un sistema físico tiene un número grande de partículas resulta imposible aplicar las leyes de la mecánica a cada partícula por separado. Entonces se recurre a hacer un tratamiento estadístico basado en las leyes de la mecánica (puede ser clásica o cuántica, según el caso), para poder hacer predicciones sobre el comportamiento global del sistema. A la rama de la física que hace esto se le llama mecánica estadística. El primer ejemplo exitoso fue la teoría cinética de los gases.

Movimiento browniano. Movimiento errático al azar de las partículas microscópicas de una sustancia en ciertas fases. Por ejemplo, partículas en suspensión en un líquido o partículas de humo en el aire. Este movimiento se debe al bombardeo irregular que las moléculas del medio ejercen sobre las partículas. El nombre de movimiento browniano se debe a Robert Brown (1773-1858).

Muón. Partícula elemental a la que originalmente se le llamó mesón μ. Sin embargo ahora no se le clasifica dentro del grupo de los mesones sino del de los leptones debido a que su espín es $1/2$ y su masa no es muy grande. Hay muones positivos y negativos. La masa del muón es 207 veces la masa del electrón.

Ondas electromagnéticas. Son ondas que pueden trasmitirse en el vacío. Su origen está en las leyes del electromagnetismo, en donde se establece que un campo magnético variable produce un campo eléctrico, y un campo eléctrico variable produce un campo magnético. De esta manera, si por ejemplo tenemos una carga eléctrica oscilando, produce un campo eléctrico variable, el cual induce un campo magnético, el cual es variable por lo que produce uno eléctrico también variable y así los campos se van sucediendo en el espacio avanzando a la velocidad de la luz. Las ondas electromagnéticas pueden ser de muchas frecuencias entre ellas las visibles que forman la luz. Entre todas las ondas electromagnéticas forman el espectro electromagnético.

Órbita. Es la trayectoria de un cuerpo cuando está influido por otro mediante una fuerza de gravedad o eléctrica. Por ejemplo la órbita de los planetas al girar alrededor del Sol es elíptica, mientras que la de algunos cometas es hiperbólica. Los electrones al girar alrededor del núcleo también describen órbitas. Los satélites artificiales que el hombre ha puesto a girar alrededor de la Tierra describen diferentes órbitas dependiendo del propósito para el que fueron lanzados: algunas de sus órbitas son circulares y otras elípticas, pueden ser ecuatoriales, etcétera.

Positrón. Es la antipartícula del electrón. Tiene la misma masa que éste pero carga eléctrica positiva. Los positrones se producen en varios procesos de decaimiento radiactivo y en la llamada producción de pares en que los rayos gama se convierten en electrones y positrones. Son partículas estables que naturalmente no decaen pero cuando chocan con electrones se aniquilan dando lugar a radiación gama. Pertenecen a la familia de los leptones y no tienen estructura interna, es decir son elementales en el amplio sentido.

Pulsor. Es una estrella de neutrones, es decir una masa colapsada de una densidad enorme casi exclusivamente de neutrones, que gira sobre su propio eje. El campo magnético de la estrella de neutrones y su rotación hacen que emita pulsos de radiación. Una estrella de neutrones es una estrella muerta en el sentido de que en su centro dejaron de llevarse a cabo las reacciones termonucleares que la hacen brillar; a las estrellas de neutrones las detectamos por los pulsos de radiación en la frecuencia que emiten.

Quarks. Son las partículas de las que están formados los protones, los neutrones, los piones y otras partículas a las que genéricamente se les llama hadrones. Los quarks se unen en grupos de dos o de tres para formar a los hadrones, que son las partículas de masa media (mesones) y las de masa grande (bariones). Los quarks son hasta ahora elementales, es decir que no tienen estructura.

La palabra quark la tomó el físico Murray Gell-Mann de la novela "El despertar de Finnegan" de James Joyce. Gell-Mann propuso la existencia de seis tipos de quarks cuyos nombres y símbolos son: *up* (u), *down* (d), *charm* (c), *strange* (s), *top* (t) y *bottom* (b). A algunos científicos les gusta traducir estos nombres respectivamente como arriba, abajo, encanto, extraño, tope y fondo; traducidos o no, se ha convenido que los símbolos de los seis quarks sean los mismos en todos los idiomas.

Toda la materia que conocemos está hecha de quarks y de leptones. La mayor parte de la materia conformada por quarks está hecha con combinaciones del quark *u* y el quark *d* y sus correspondientes anti-partículas. Los otros cuatro quarks forman partículas más raras que re-sultan de algunas reacciones y que también se encuentran en los rayos cósmicos.

Se dice que los quarks vienen en seis diferentes "sabores", que son los seis tipos de quarks mencionados (u, d, c, s, t y b). Pero además cada quark tiene otra propiedad a la que los físicos han llamado color: los quarks vienen en tres posibles "colores": azul, verde y rojo. El color de los quarks es una propiedad que determina si dos quarks se atraen o se repelen debido a la fuerzas nucleares fuertes a las que están sujetos.

En mecánica cuántica las fuerzas o interacciones se realizan mediante el intercambio de partículas. En el caso de los quarks, la interacción nuclear fuerte que sienten se lleva a cabo mediante el intercambio de partículas llamadas gluones. A la parte de la física que estudia los quarks y sus interacciones se le llama cromodinámica cuántica.

Radiación del cuerpo negro. Todos los cuerpos absorben en mayor o menor medida la radiación electromagnética que les llega. También todos los cuerpos emiten radiación electromagnética, y la forma en que lo hacen depende crucialmente de su temperatura. A mediados del siglo pasado, Gustav Robert Kirchhoff pudo demostrar que los cuerpos que mejor absorben la radiación son también los que mejor la emiten. Con base en esto, se define un cuerpo negro como aquel cuerpo ideal que absorbe toda la radiación que le llega. El cuerpo negro es también un excelente emisor de radiación, y estudiar la forma en que radía ha sido de gran importancia para la física. Para explicar correctamente la radiación del cuerpo negro, Max Planck propuso la existencia de los cuantos de radiación, idea que dio inicio a la física cuántica.

Rayos X. Los rayos X son radiación electromagnética de longitud de onda muy corta, entre 5×10^{-9} y 6×10^{-12} metros aproximadamente. La frecuen-cia de los rayos X está en el intervalo de los 6×10^{16} y los 5×10^{19} hertzs. Los rayos X se producen cuando un haz intenso de electrones golpea contra un objeto material. Estos rayos afectan las placas fotográficas al igual que la luz. Los rayos X son absorbidos por la materia dependiendo principalmente de la densidad de ésta y de su peso atómico. Mientras más bajos sean el peso atómico y la densidad de un material, más trans-parente es a los rayos X. Esta es la razón por la que en medicina los rayos X son muy útiles para "fotografiar" los huesos, que tienen mayor densi-dad y peso atómico que los demás tejidos del cuerpo.

Los rayos X se utilizan también para el análisis cristalográfico de algunos sólidos, es decir para el estudio de las propiedades de su estruc-tura cristalina. La manera de hacer esto es mandarles haces de rayos X los cuales son difractados por la red cristalina. Analizando el patrón de difracción de los rayos X se pueden averiguar algunas características de la estructura cristalina.

Recientemente se ha descubierto que a la Tierra llegan rayos X del espacio. Como esta radiación es absorbida por la capas superiores de la atmósfera es necesario enviar sondas o satélites para que los observen. Existen por ejemplo estrellas que emiten cantidades considerables de rayos X, al igual que los centros de muchas galaxias, incluida la nuestra y los cuasares. La explicación de estas emisiones de rayos X es que quizás dentro de estas fuentes de emisión de rayos X existan hoyos negros que provocan las condiciones para la emisión de esta radiación.

Sistema binario de estrellas. Un sistema binario de estrellas o estrella binaria consiste en dos estrellas que giran una alrededor de la otra unidas por su fuerza gravitacional mutua. Más de la mitad de las estrellas que observamos forman parte de sistemas binarios y en ocasiones de sistemas de tres o más estrellas.

Sistema Internacional de Unidades. El Sistema Internacional de Unidades parte de siete unidades fundamentales, de las cuales se obtienen todas las demás, que se denominan unidades derivadas.

Las unidades fundamentales son: el metro, el kilogramo, el segundo, el kelvin, el ampère, la candela, y el mol; sus símbolos correspondientes son: m, kg, s, K, A, cd y mol.

Termodinámica. Parte de la física que estudia todo lo relacionado con el calor y su interacción con la materia y las otras formas de la energía.

Vacío. Cuando la presión dentro de un fluido disminuye hasta llegar a cero, decimos que hemos llegado al vacío. Si, por ejemplo, en la atmósfera subimos y subimos, la presión disminuye y disminuye hasta que llega un momento en que deja de haber atmósfera: nos encontramos en el espacio interplanetario, donde la presión es prácticamente cero, es decir hay vacío.

El vacío, además de caracterizarse por tener presión cero, está muy relacionado con la densidad, ya que ésta también es cero en el vacío: no hay partículas que son las que ejercen presión.

Desde hace varios siglos hemos aprendido a hacer vacío artificialmente mediante bombas de vacío que extraen el aire de un cierto compartimiento. Al extraer el aire estamos disminuyendo la densidad dentro del compartimiento y por lo tanto la presión también disminuye.

En realidad el vacío perfecto no existe, ni en la naturaleza ni lo hemos logrado artificialmente. Siempre queda algo de materia, aunque sean algunas pocas partículas por unidad de volumen, que ejercen algo de presión, aunque esta sea mínima. Por esta razón se habla de grados de vacío que se cuantifican mediante la presión lograda o bien mediante la baja densidad alcanzada. Así por ejemplo los mejores vacíos alcanzados artificialmente en los laboratorios son de 10^{-17} kg/m^3 mientras que en las regiones del Universo con mayor grado de vacío, es decir el espacio entre las estrellas o entre las galaxias, el vacío llega a ser de 10^{-18} a 10^{-21} kg/m^3 aproximadamente.

Por lo anterior, debe quedar claro que cuando decimos que hacemos vacío, lo estamos haciendo sólo parcialmente.

Una característica muy importante de los fluidos es que cuando hay dos regiones con diferente presión se produce una fuerza que va de la región de mayor presión a la de menor, que tiende a mover al fluido en esa dirección.

Velocidad angular. Cuando un cuerpo se mueve sobre una circunferencia, además de recorrer cierta distancia en la unidad de tiempo, podemos decir que recorre cierto ángulo en la unidad de tiempo. A esto último se le conoce como velocidad angular. La velocidad angular se define como el cociente entre el ángulo recorrido entre el tiempo en que se recorrió.

Son muchas las unidades utilizadas para medir la velocidad angular, las más importantes son: rad/s (radianes sobre segundo), rpm (revoluciones por minuto) y grados sobre segundo.

Lecturas recomendadas

1. Davies, P. C. W. y Brown, J., *Supercuerdas, ¿una teoría de todo?*, El libro de Bolsillo, Alianza Editorial, Madrid, 1990.
2. El Colegio Nacional (varios autores), *En el centenario de Einstein*, El Cole-gio Nacional, México, 1981.
3. Einstein, Albert, "Sobre la teoría general de la gravitación", *Scientific American*, abril de 1950.
4. Einstein, Albert, *La relatividad*, Colección Dina, Editorial Grijalbo, México, 1970.
5. Ferris, Timothy, *La aventura del Universo*, Editorial Crítica, Barcelona, 1990.
6. Gamow, George, *En el país de las maravillas (relatividad y cuantos)*, Breviarios del Fondo de Cultura Económica, México, 1958.
7. Gamow, George, "Gravedad", *Scientific American*, marzo de 1961.
8. Hacyan, Shahen, *Los hoyos negros y la curvatura del espacio-tiempo*, La Cien-cia desde México 50, SEP-Fondo de Cultura Económica-CONACYT, México, 1989.
9. Hacyan, Shahen, *Relatividad para principiantes*, La Ciencia desde México 78, SEP-Fondo de Cultura Económica-CONACYT, México, 1992.
10. Hawking, Stephen, *Agujeros negros y pequeños universos y otros ensayos*, Grupo Editorial Planeta, México, 1994.
11. Russel, Bertrand, *ABC de la relatividad*, Editorial Ariel, Barcelona, 1978.
12. Sagan, Carl, *Cosmos*, Editorial Planeta, Barcelona, 1980.

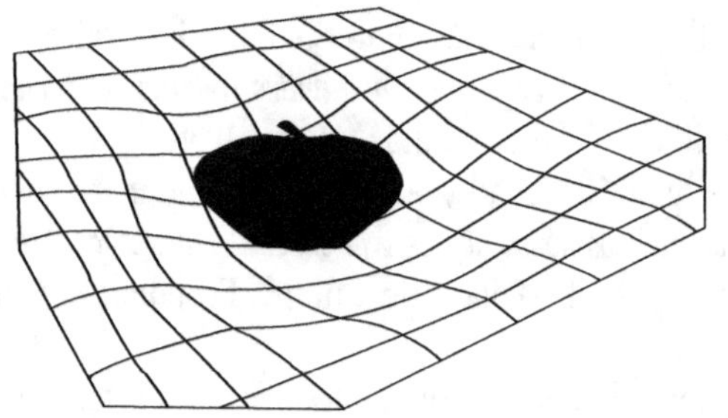